收纳分 3 步！

韧与柔生活团队　编著

中国水利水电出版社
www.waterpub.com.cn
·北京·

前言

工作一天后，疲惫地回到家，正想好好休息放松时，一打开灯看到的是这样的景象……

每天在家里带小孩、洗衣煮饭，还要做好多的家务，连自己的时间都没有，哪还有闲情逸致收纳整理，所以家中总是这样的景象……

出去旅行放松心情，旅程后觉得生活充实、人生圆满之际，回到家看到的是这样的现实……

你家也和照片里一样吗？告诉你一个很可怕的秘密，如果你一直不整理，3 年后会变得比现在更乱！

家，应该是一个让人感到自在、安全和温馨的所在，是可以让人放松、休憩的空间。但是我们却在无形之中把家变成了一个大型储物空间，堆积了各式各样的杂物。各种物品占据了生活空间，导致自己心烦意乱、无法放松也无法平静。

NOTE！

从小没有人教你收纳？父母长辈都会让小孩收拾东西，但是从来没有人教你怎么收拾东西，所以不会收纳是很正常的，千万不要再责怪自己了！

到府收纳团队，解决你的收纳大小事！

"韧与柔生活团队"是台湾第一家收纳服务专业公司，团队里的每个人都喜欢整齐的环境，都将收纳作为专业与志向。我们每日于粉丝专页不定时分享收纳心得、收纳秘诀，每周都会固定分享居家收纳实例，通过观看实例，能让更多人鼓起勇气，面对从居家环境延伸到心中的压力与困难，跨出着手收纳的第一步，亲手解决以前挥之不去的无形压力！

收纳之后，许多客户与我们分享了好消息！

- 在家工作的 SOHO 族客户，马上接到了大笔订单！
- 原本餐桌上都是各种杂物，现在终于可以一家人围在餐桌边一起吃饭！
- 原本挂满了各种衣服和杂物的单人沙发终于可以重新使用了！
- 收纳之后，即使家里有客人来，也不会觉得不好意思了！
- 收纳之后，开始享受在家的感觉，慢慢觉得有目标且人生更有希望了！

翻开这本书，开启你的收纳之旅吧！

现在只要学习 3 步收纳术，先将同类物品集中，再依实用度、使用率及喜好等条件进行淘汰抉择，最后帮它们找到适当的"家"定位，就能打造最佳居住质量！翻开这本书，一起打造整洁的幸福空间吧！

FIRM&TENDER

韧与柔生活团队

目录

PART 02 收纳基础篇！必学物品归类整理术

PART 03

收纳进阶篇！
空间整理技巧全曝光

PART 04

特别企划篇！
收纳实战运用技巧

FIRM&TENDER

PART 01

实践断舍离！

3 步收纳术

3 步收纳术,打造干净居家

坊间流传的收纳术有许多种,但通常没有进行过系统化处理,常常是这边收好、那边又乱了。其实只要通过 3 个步骤,就能让大家更好地掌握物品数量,并明确其位置,让家庭空间被有效利用,创造出宽敞整洁的幸福空间!

何谓 3 步收纳术?掌握分类、抉择、定位这 3 个步骤,就能轻松打造出干净整洁的居家环境!

 ## 何谓 3 步收纳术? 分类→抉择→定位

STEP1　分类法

当我们的收纳团队到客户家中时,首先确认要收纳整理的物品与区域,之后就从**分类→集中**开始下手。举例来说,整理衣物时要先把衣柜里的衣物全部下架,区分为外套、衬衫、长/短袖上衣、长/短裤、围巾、帽子、配件等。若是小孩游戏室,则可以依玩具类别、书籍属性分类集中。

当物品从家中的各个区域集中了之后,才算完成第一个步骤。接着开始第二个步骤——**抉择**,依照使用者的判断,自行决定衣服和各类物品的去留。

很多人都以为这两个步骤可以进行得很快，但其实这是最花时间的收纳基本功，占到总收纳时间比例的 70%。如果**分类**做得不确实，最后定位时会变得模糊，例如衬衫与上衣混在一起，这样既不能掌握数量也没有做到集中收纳。

没有分类的儿童游戏室，看起来很杂乱。

STEP2　抉择法

如果**抉择**做得不彻底，会留下太多不需要的物品，例如若是没有先评估好自己的置物空间，导致家中满到物品都放不下，这样在拿取或收纳方面都不好发挥，也无法达成有效的收纳。

分类后就明确知道哪些要丢掉、哪些要留下，若是连书籍都依属性分类，选择起来更方便。

STEP3　定位法

　　前面两个步骤都做扎实后，接着我们就要慢慢迈向收纳的最后一步——**定位**。这个部分会依照每个人家中的收纳空间，还有个人的使用习惯来做调整。举例来说，如果衣柜的吊衣杆少、抽屉多，规划时就先以抽屉的空间为主，除了外套、西装、洋装、丝质衣物等需要吊挂外，其他衣物一律折到抽屉里。反之，如果衣柜的吊衣杆多、抽屉少，规划时就要先以吊挂的空间为主，除了贴身内衣裤、毛衣等需要抽屉收纳外，其余的衣物都可以吊挂。

　　如小孩游戏室，可以依照各个玩具的属性来分类，例如积木益智类、娃娃玩偶类、汽车玩具类等。**定位之后，就决定了物品的所在之处**，例如上衣有上衣的区域、裤子有裤子的区域，所有的衣物都有自己的专属区域，穿搭使用都方便，往后要收纳同类型物品时也一目了然。

> 请再次记住: **分类（把东西归类）⇨ 抉择（丢掉不要的）⇨ 定位（把要的东西定位）**！

收纳流程百分比: 分类＋抉择 70%，定位 30%。

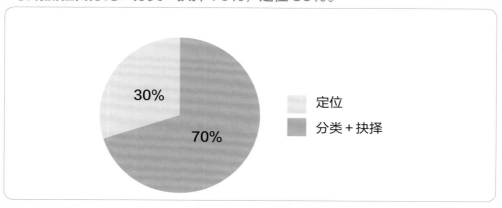

30%　　70%

■ 定位
■ 分类＋抉择

3 步收纳术与其他收纳方式的差异

许多人工作和家庭蜡烛两头烧，光是家务都做不完，更别提腾出时间来收纳了。所以有很多人都想用每天一点、积少成多的方式来进行收纳，但这种收纳方式的效果却与我们期待的有落差。

⊃ 3 步收纳术，时间相同的情况下却更有效率

- **3 步收纳术，建议空出一次完整的收纳时间，例如下定决心收纳的那天，就空出 5 个小时来整理**，这样可以比较充分地利用整段时间，把所有的物品下架做分类。例如将衣柜里的衣物全部拿出来，一件一件抉择，最后再重新规划空间定位上架。
- 但是坊间标榜的 **10 分钟收纳法，乍听起来好像轻松无负担，但是你真的能够持续 1 个月吗？** 即便真的能持续去做，每天 10 分钟，仅衣物分类可能就要花 1 个小时了，如果分类到一半就又放回衣柜，那么用 6 天的时间来分类也不会有具体效果。人是有惰性的，如果看不到具体的成果、没有收纳的成就感，想要持之以恒就很困难。

> 假设 1 天 10 分钟、持续 1 个月不间断，那么就是 10 分钟 ×30 天 =300 分钟 =5 小时。与一天收纳 5 小时，做 3 步收纳术的差别是什么呢？

⊃ 3 步收纳术，减少重复整理的时间

- **3 步收纳术的核心，就是一次集中、整理一种类型的物品，减少重复整理的时间。** 收纳结束时，我们可以看到具体的成果，这样会比较有动力去坚持，下次可以再从其他物品开始，让家中的每个空间都可以充分利用！
- 坊间标榜一次整理一个小区域就好，但这样会面临一个问题：即使整理好了一个抽屉，下次整理另一个抽屉时，又会遇到同样的物品，又要重新集中，这样反而耗费力气，因为在重复收纳同样的物品。

Column 01

不是你的错

　　现代社会的女人太难当了，我们为什么要逼自己同时成为贤淑的妻子、温柔的母亲、乖巧的女儿、孝顺的媳妇、能干的员工，然后还要"做自己"？没有时间、没有技巧或者不擅长做家务，不应该是女人难以启齿的烦恼！

　　仔细想想，我们在人生中的哪一个阶段认真地学习过做家务呢？不论是男人还是女人，我们在人生中的哪一个阶段被训练成"完美家事达人"呢？没有。尤其在求学的阶段，我们或许学会了一些简单的打扫和烹饪技巧，但是关于收纳，我们真的一无所知！

　　⮑ "不会"才是正常的

　　没有人生下来就知道要断舍离、知道衣服要怎么折最省空间、知道东西怎么摆放最好看。没有学习过的事情，却要我们做到一百分，不切实际。

　　⮑ "误解"源自无知

　　因为历史和社会因素，不得不承担家务的女人们在组成家庭（尤其是养育子女）后，很快发现"收纳"与"清洁"截然不同！马上会面临"不知道怎么收纳"的困境，然而由于旁人的误解和自己的心魔，经常难以迈出"请他人帮忙"的那一步。因此坐困愁城，每日陷入整理与收纳的烦躁之中。

⊃ **做就对了**

不应让第一次听到"收纳"的人用简单的话语解释收纳的必要性和重要性，因为即便是对此已经滚瓜烂熟的我们，也需百般思量、练习后不断修正才能进行有效的沟通。"请试一次吧！"与其费尽唇舌甚至导致吵架，不如趁丈夫（公婆）不在家的时候，一鼓作气进行改变！

收纳后会让家里变得清爽整洁，对物品的放置位置一目了然，全部焕然一新。而且到目前为止，我们还没遇到过对这份"美好改变"不满意的家人。

⊃ **收纳的神奇魔法**

"我终于不再因为上班前帮老公找衣服找到快迟到而吵架"。

"孩子现在都学会了物归原位"。

"妈妈拿东西时不用再爬上爬下"。

"从此改变了囤积杂物的习惯"。

以上这些都是客户在完成收纳工作后的真心告白，我们很珍惜也希望可以与大家分享这些感动！

【不是**你**的错】

收纳 STEP **1** ——分类集中

收纳的基本功就是要做好物品的分类集中！

如果没有分类，会造成以下几个问题：

- 东西找不到：环境变得凌乱之后，要用的东西永远找不到，或是要花很多时间找东西。
- 重复购买：重复购买或是东西放到不能用，造成无形的浪费。
- 杂物堆积：收纳困难的原因就是物品过于分散，同类型物品没有集中，物品没有被合适地定位，所以空间就开始变得凌乱甚至脏乱。
- 视觉上凌乱：物品太多导致空间看起来凌乱，也不敢邀请他人到家里做客，心情不好，自我责怪。
- 空间缩小：挤压生活空间，物品变成主体。

物品没有分类管理，是空间杂乱、东西浪费的主要原因。

学会收纳的第一步——将物品分类的好处有以下几方面：

- (胜) 不会浪费时间找东西。
- (胜) 可以掌握物品的数量与位置。
- (胜) 知道何时要补货，不过多囤积物品。
- (胜) 数量过多不易清洁，减少物品数量则方便清洁。
- (胜) 视觉上井然有序，心情也舒畅。

掌握两大关键点，轻松做好物品分类

关键点 1：空出时间

收纳需要时间，或许你常听到"1 天 10 分钟收纳"这种方法，乍听起来很美好很轻松，但是实际上效果有限，就算持续 1 个月，房间的变化也不会太大，物品依旧零散，无法详尽有效地分类。如果一时之间无法看到收纳带来的改变，会觉得没有成就感、没有意义，也会导致无法持之以恒。

首先，如果**下定决心收纳，建议至少要空出半天或是一天的时间，才能体会一次具体、有效的收纳成果**。分类时，仅集中所有衣物就可能要花上 1 小时甚至更多时间，所以需要一个完整的时间段才能把同类型物品集中，这也是收纳中最费时间的部分。

分类时，仅集中所有衣物就可能要花费 1 小时甚至更多时间！

关键点2：集中类型

　　一次一类，不要以单一抽屉或是区域进行收纳。举例来说，单一抽屉里面可能放有灯泡，单独整理了一个抽屉之后，下次遇到灯泡又要重新集中，这样反而更耗费力气。建议一次将同一类型物品全部集中再做分类，例如灯泡、电池等。

把所有相同物品的东西拿出来分类集中后，才能进行下一个收纳步骤。

Tips: 全部分类抉择后，再将物品定位！

　　猜猜看，你拥有多少杯子、围巾……？分类之前，先估算自己所拥有的各种物品的数量有多少，接着再看看与实际数量相差多少。真相可能会远远超过你的预期，让你大吃一惊！所以，分类到一半的时候，先别急着把物品放回抽屉或是收纳空间，以免又要重新分类！

收纳 STEP *2* ——抉择丢掉

重新检视自己生活中的使用习惯，以自我为主体而非以物品为中心，不考虑能否使用，而是自己想不想使用、会不会再用。毕竟，身边所有的物品都是因为自己而存在的，如果失去了这个最重要的因素，那也没有存在的必要了。

⮩ 有感情的最难割舍

大家都认为帮他人整理很容易，因为丢掉他人的东西没有情感联结，所以很简单，但是当主角换成了自己，却犹豫半天很难下手。我们对于自己的所有物常常带有回忆和感情，例如这是我出去旅游带回的纪念品、那个是我预备要用的、这是别人送我的……

自己心中的宝贝常常是他人眼中的垃圾，最难抉择的总是自己的物品。道理人人都懂，但是要想真正作出决定，只有自己能帮自己。不要再用各种谎言欺骗自己了，事实上，"那个不会再用了、那个你根本不喜欢……那个别人送的心意收下就好了，不要让别人的好意变成自己的负担和借口。"**当你心中的宝贝变成囤积的物品时，即使再昂贵都没有价值。**

⮩ 不丢他人的物品

就如前面所说，自己心中的宝贝常常是他人眼中的垃圾，对他人来说什么是重要的，我们无法替他作决定，因此不鼓励丢弃他人的物品，尤其是家人之间可能会造成不必要的纷争。我们的建议是，整理家人的物品时，可将他们的物品集中之后，再请对方自行判断！

⊃ **抉择影响收纳速度**

　　影响收纳速度的关键就在这个步骤中，如果抉择快、淘汰多，那么收纳起来就事半功倍；如果抉择时犹豫不决，留下太多无用之物，到后面规划与定位时就会花费更多时间，收纳效果也可能大打折扣。

　　我们曾经遇到过1个小时就丢掉8大袋衣物的客户，也遇到过花了2个小时还无法抉择完自己衣物的客户。两者对照，你觉得哪一方的收纳工作会进行得比较迅速呢？

　　如果觉得自己犹豫太久决定不了的话，不妨先让自己喘口气休息一下，好好地回想自己的**收纳目标**是什么、想要营造什么样的居家风格。先为自己打打气，再继续向前迈进，只要开始收纳就一定能看得到成果，不要轻言放弃！

抉择后便可将物品归好类，定位出专属的位置，往后要收纳同类型物品时也一目了然。

FIRM&TENDER

该如何抉择？各类物品的抉择技巧

五大困难抉择排行榜

No.1	No.2	No.3	No.4	No.5
衣服	书籍	电器	电子产品	备用品

○ **衣服**

上班时的穿衣搭配可能要依照公司规定来选择，而休闲假日时的装扮才是自己最喜欢且最自在的穿衣风格。例如有 20 条领带，但是常用的只有 3 条；有 15 双高跟鞋，但是常穿的却是球鞋。将不符合自己需要的物品淘汰之后，要好好提醒自己下次看到商场周年庆或是大甩卖时别再买了。用这个方式来审视自己的衣柜，淘汰不属于自己风格的衣物。

N O T E !

参加婚礼、告别式等特殊场合的服饰，依照使用频率，建议留下最多 3 套可以通用搭配的即可。

将全部物品分类集中后，就知道自己的物品是不是已经超量了。

⊃ 书籍

- **先从过期的杂志期刊开始淘汰**，5 年前的服装和发型的流行趋势、3 年前的股票预测都已经不再适用了，先筛选有时效性的书刊。
- 然后是学习书籍，尤其是语言类！放在书架上只是自己学习的借口，如果 1 年内都没有翻阅就应该淘汰。毕竟现在网络上的语言学习资源很多，若是真的有心学习，也未必需要课本。

> **不会再翻阅的书、已经阅读过的书籍，也知道自己不会再看了**，就请好好地对它们说再见吧！其他书籍，例如小说、漫画、工具书（理财金融、健身、瘦身、料理）、星座、课本、课程讲义等，可以借由这些书籍，慢慢检视自己的阅读状况，半年没看或是不再感兴趣的书籍都可以淘汰了。

NOTE!
拥有书籍不等于拥有知识，留下真正会阅读的书籍，才能将其变成属于你的知识。

⊃ 电器

- 厨房的门是不是永远只能开一半，后面的一半被堆积的家电挡住好久了？环顾家中是否在某个角落藏有松饼机、果汁机、烘焙机、副食品调理机（小孩长大即可转赠）、豆浆机、制面包机、咖啡机……
- 购买这些家电可能是一时兴起，幻想着生活中某一时刻需要用到它，但是实际使用时却是准备过程繁复，还要面对清洁整理的麻烦，因而渐渐减少使用的频率。**建议将功能单一、不常使用的机器，都借此机会淘汰掉！**

好好地检视家中的电器，将不常使用的机器都淘汰掉！

◘ 3C 用品类

多数家庭都会留着使用方式不明的电线、旧手机、旧相机、翻译机、CD、DVD、录像带、录音带、磁盘片、计算机零件等。但由于**电子产品推陈出新较快，许多旧款的机器或电线已经不能通用时即可丢弃**，即便淘汰了也不会造成太多困扰。

> 例如：现在已经很少有人使用老款的磁带听音乐，所以卡式录放音机和磁带都可以淘汰，而老款手机现在也普遍不用，可以淘汰了。另外，计算机零件需要看计算机型号能否通用，否则也应该丢弃。

◘ 备用品

卫生纸、牙刷、牙膏、沐浴乳、洗发乳等，**建议预留的数量不超过两个月的用量**。生活在现代社会，无论超市、便利店还是网络购物都很便利，即便家里的某种物品用完了，也很容易购买到，所以不需要过度囤积，购买过多反而让居住空间受到压迫，本末倒置。

◘ 包装盒

各种电器、手机、商品等的包装盒是最占空间的，将盒子内的物品拿出来使用，盒子便不需要留下，建议留下期限内的保修卡，全部用透明袋集中收集即可。

其他物品，如**免洗餐具碗盘、文具（赠品）、酱料**等，大多可以选择丢弃。

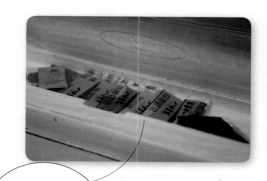

多出来的外带酱料包和免洗餐具等，大多可以丢掉，以免放到过期而滋生虫害。

⊃ 回忆类物品

照片、信件、旅行纪念品等，在抉择这些回忆类物品时，很容易陷入回想而干扰收纳的进度，因此要放到最后处理。通常大家的做法是将回忆类的物品集中放在一个袋子或是箱子里面，然后找一个角落堆积，之后就再也不会翻阅了。我们**建议只把最具代表性的物品留下，其他一律淘汰。**

N O T E！

掌握"有进有出"，让家中的空间与物品变成"活动的流水"，而不是"静止的死水"。居家空间也需要流动的活力，这样身边的物品就不再是万年不动产。

⊃ 收藏品

醒醒吧！你不是在收藏，而是在囤积！很多人假借收藏之名行囤积之实，真正的收藏家会把所有的收藏集中摆放展示出来，而不是东一个、西一个地藏匿（如下面的说明）。

真正的收藏是集中摆放并展示出来（右图）；如果只是放在盒子里藏匿起来，只能说是在囤积（左图）。

Tips: 抉择是为了营造出想要的空间！

考虑自己的收纳空间，如果物品占据的空间已经压迫到自己的生活空间，就反客为主了。即便再大的空间都是有限的，审慎地抉择是为了营造自己想要的生活空间。

收纳 STEP **3** ——定位回归

定位的重要性在于帮物品找到适当的位置，依据个人的使用习惯和频率，再对照自己家中的收纳空间来决定如何将其纳入空间。确定了位置之后，就要养成物归原处的使用习惯，当日后发现物品数量增加、空间不够而要变更位置时，亦不可将同类型物品分散收纳，先找到适当大小的空间，再一次性全部集中变更定位。

 ## 准则 1：一目了然法

收纳的目标之一就是让整个空间的规划更明确，所有物品一目了然是为了让拿取和收纳都更便利，如果收纳之后还要东翻西找，那就是无效的收纳。

BEFORE   AFTER

把所有东西都摆出来，却没有整齐收纳，看起来并非一目了然，反而杂乱无章。应先分类摆放，再进行系统化的定位。

整理衣柜时，可以把衣服的特殊图案突显出来，这样一打开抽屉便一目了然。

准则2：联想法

相信大家都遇到过这种情形，正在厨房做菜的时候突然电话响起，手里拿着的酱料罐就随手一放便接电话去了。时间久了，这些随手一放的东西就渐渐占满了台面，一眼望去到处都是东西，显得杂乱无章。

导致出现这种情况的很重要的原因就是家中物品位置动线不佳，例如：做菜要用到的工具没有放在我们做菜的位置，常常要绕过餐桌去拿，做好了又要绕过餐桌放回去，觉得麻烦时就常常随处乱放了。

在定位所有物品时都要考虑其使用地点，依照使用的区域就近摆放，这是为了避免使用时来回走动，也不用花时间和精力记忆物品的位置。例如：钥匙、口罩放在玄关，出门时可以直接拿取；光盘就放在电视影音专区；灯泡、电池有电有光，就放电视、电器附近，依此类推。

联想法活用秘诀

◐ 玄关→放钥匙、印章、账单、零钱、发票、会员卡、口罩等。

出门会使用的口罩、缴费账单等，直接放在门口就近定位，就不会在着急用时匆匆忙忙地跑回房间找。

玄关处可以放钥匙等物品，方便取用。

○ 客厅→放电视、光盘、电动游戏机、电器保修卡和说明书、电池、灯泡工具等。
因为就近电视电器，所以将相近的物品集中。

○ 鞋柜→放鞋油保养、鞋拔、鞋垫等。
只要是用于皮鞋保养的用品，就可放入鞋柜收纳，穿鞋用的鞋拔也可放入。

○ 书桌→放书架、文具、文件、学校课本等。
与文具、文件相关的物品当然最好放置于书桌上。

○ 厨房→

　⊙ **锅、铁金属类**：这类与火相关的用具放在瓦斯炉下。

　⊙ **做菜的各种酱料**：放在瓦斯炉旁、站立可以拿到的位置。

　⊙ **会碰到水的清洁物品、菜瓜布、钢刷**：放在水槽下。

　⊙ **水杯、午茶组、茶叶、咖啡粉**：放在热水壶附近。

　⊙ **饭碗、筷子、汤匙**：放在靠近饭锅的地方。

　⊙ **保鲜膜、保鲜盒**：放在冰箱附近。

水槽下可以放菜瓜布、钢刷及清洁用品。

锅具放在瓦斯炉下方的柜子中，方便取用。

准则 3：直觉法

依照直觉确定定位，例如：冲泡饮品就近放置于热水壶旁，依此类推。以一整面墙的收纳柜为例，等身高的中间区域不用爬高、不用蹲，是直觉中的最佳使用区域。

 ## 准则 4：物以类聚法

将同一类型的物品全部集中起来！

将同类物品摆放在一起收纳，会更整洁。

准则 5：保持七分满

如果整个收纳空间都塞得满满的，全是物品，很容易让人有压迫感，而且物品还有增加和流通的可能性，所以要预留一定的流通空间。以空间的比例来说，**最好的比例是收纳七分满、保留三分空间**。但要注意，若是看得到的桌面或是台面，则建议采用相反的比例，摆放三分满、保留七分空间，这样才有富裕的使用空间。

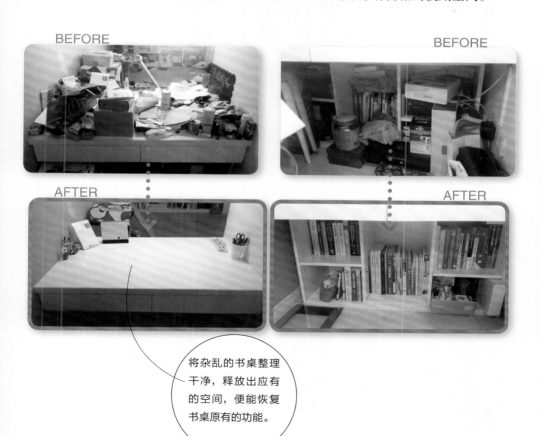

BEFORE

BEFORE

AFTER

AFTER

将杂乱的书桌整理干净，释放出应有的空间，便能恢复书桌原有的功能。

准则6：商品展示法

收纳不只是把物品放到空间里，也可以让自己的家以百货公司专柜、商店展示品的方式来呈现！

将吊挂的衣服依颜色分类，看起来整齐干净。

 ## 准则7：适度增加摆饰与装饰品

收纳完成后，可增添摆饰、照片装饰品等，营造自己喜欢的居家风格。

适度摆放摆饰、装饰品，更能呈现出个人的居家风格。

Column 02

物品去留的原则

请一心一意地想着"现在"。

☑ 这个不再流行的包，我"现在"会背出门吗？

☑ 这条太紧的裤子，我"现在"穿得下吗？

☑ 这些过期的杂志，我"现在"还会拿来看吗？

☑ 孩子幼儿园的英文书，他"现在"会复习吗？

☑ 去旅游买的纪念品，我"现在"会拿出来摆吗？

FIRM&TENDER

没有它，我"现在"的生活会更好！

其实，多问自己几次这种问题，若犹豫超过 2 秒（没错就是 2 秒），就知道丢弃了也无所谓。那些堆积的杂物、衣服、玩具、书籍占据家里的空间，使生活变拥挤，更让我们对"未来"产生盲目的期待。

◎ 减肥完就可以穿了 ⮑ 其实根本无心减肥 ⮑ 反复做不到的承诺。

◎ 暑假可以帮小孩复习 ⮑ 已经过去一个月了，那些书从未动过。

◎ 包包会再流行回来 ⮑ 会不会流行回来不知道，新买的包倒是不少。

◎ 是在法国买的纪念品 ⮑ 话虽如此，也只是堆在柜子的深处。

人们总是会对物品产生不理性的判断，进而催眠自己"还会再用到，丢了太可惜"。甚至有些人还会用"浪费"捆绑自己，好像丢弃不要的东西是犯下滔天大罪！然而，说得严肃一点，留着无用的东西，占据自己居家的空间和生活，才是真正对不起自己。自己用不到的东西，却舍不得它流通出去，也就不能发挥其用处，事实上"囤积着，才是真正的浪费"！

Tips: 收纳完成！持之以恒的小秘诀

在整个收纳过程结束之后，最后验收成果这一步也很重要！我们收纳团队每次进行收纳时，都会做的一件事情就是拍照。透过镜头直接去检视，记录收纳前、收纳中、收纳后的不同情况，这样可以具体地看到收纳带来的差异和变化，收纳起来也会更有成就感。有了成功的经验之后，对收纳的印象也变得正面、立体，往后便能持之以恒了！

➲ 收纳前

先拍摄整个房间的全景，可以看清楚整个空间的格局和家具的陈设，接着再慢慢拉近镜头，拍摄收纳的主题。假设整理的是衣服，就拍衣柜；整理的是书籍，就拍书柜，依此类推。之后再来拍摄局部，把衣柜的门和抽屉通通都打开拍摄清楚，看清楚原来的摆设方式。

➲ 收纳中

平常应该很少有机会能看到空的衣柜，所有物品下架之后，可以捕捉难得的景象。在分类的过程中将所有物品分类的数量记录下来。

➲ 收纳后

如同收纳前的拍摄一般，先拍摄全景，接着拍摄收纳的主题，最后拍摄局部。这样可以直接对照收纳前与收纳后的差异。

NOTE！

把要捐赠、丢弃或是送人的物品通通集合起来，来张大合照！好好检视自己拥有多少不需要的物品，心怀感激地欢送它们离开自己的生活吧！最后，你就可以好好享受收纳带来的舒适新生活了！

美好的生活，
从收纳开始

你想过为什么要进行收纳工作吗？当你工作一整天后身心俱疲，回家正想要好好休息放松时，却看到这样的景象——椅子上堆满衣服、桌上摆满吃剩的零食或没有归位的各种遥控器、充电器等，相信你的心情一定更加复杂。

杜绝"收纳杀手"，打造干净空间

　　家里是不是总有某些物品，是你抱着"多拿一个也没关系"的心态拿回家的呢？这些贪小便宜、看似无伤大雅的小东西，因为容易取得，所以会不断地出现、增量，于是这些东西进到家里来的速度永远比使用的速度快好几倍！

　　将这些无意识的物品带进家里后，只会无限压缩你的生活空间，这些物品就是堪称"收纳杀手"的精锐部队。家中的收纳杀手数量、种类越多，收纳之路就越困难，快来盘点哪些是家中的收纳杀手吧！

 ## 收纳杀手 1：袋子类

⊃ 塑料袋

　　出门买菜、买路边摊服饰、到五金行买替换用品、路过便利商店买个小点心、到外卖店外带一份午餐、到饮品店买一杯饮料……你是否数过一整天下来会得到几个塑料袋呢？这些塑料袋通常都是一次性用品，因此总是认为它们可以装垃圾再利用，便把它们集中收起来。

　　但是塑料袋就算折起来，也会因为材质关系变成一个"大球"，相当占空间，而且它的获取渠道太过容易，使得家中的塑料袋用之不竭。**试着拒绝再拿塑料袋回家吧！带一个固定的环保购物袋，不仅可防止收纳杀手潜入家中，也能为保护环境尽一份力！**

⊃ 纸袋

　　纸袋压扁后看似不占空间，蒙蔽了我们对数量的判断，其实数量一多，它也是非常占用空间的收纳杀手！建议随身携带环保袋，若确有需要使用纸袋，建议家里维持 1 ~ 5 个就够了。

建议将纸袋依大、中、小尺寸分类，各种尺寸维持 5 个即可。

⊃ 环保袋

　　因为环保袋要重复使用，建议选择材质较为坚固的，但是许多店家常以环保袋作为赠品，因此取得方式也日渐容易。数数看，你家有几个环保袋？若每天使用一个，每天用不同环保袋交替使用，需要几天才能用完一轮呢？我们很肯定用环保袋代替塑料袋的做法，但若囤积过量，环保袋最终仍会沦为收纳杀手！

利用环保袋代替塑料袋是很好，但如果数量过多也会沦为收纳杀手。

收纳杀手2：纸箱与盒子

快递纸箱、商品外盒等大大小小的盒子，都是占用家中收纳空间的元凶，且盒子尺寸不一，不容易收纳，盒内空间也会被迫成为闲置空间。

总想着"也许未来寄东西会用得到"，但现在手边就有这么多了，到未来真的需要时，绝对不会找不到纸箱可用吧。建议到那个"未来"再去拿，把生活空间留给现在的自己吧！

那么有些人会说："占空间的是大型纸箱吧！"那小纸盒呢？其实小纸盒也是相当棘手的收纳杀手！某大品牌的商品纸盒、十年前买的小家电外盒、旧手机经过精致印刷的包装盒……你把这些小纸盒也留在家中了吗？手机、小家电这些东西，几乎每天使用，也不会再将它放回到纸盒里了，那么留着纸盒的目的是什么呢？

其实留着纸盒有一部分原因是"它是大品牌的商品，当作纪念品留下"，另一部分原因是"也许之后可以当小收纳盒用"。你是不是总能为它们找到千千万万种留下的理由呢？但仔细想想，这些盒子已经躺在柜子里多久了？假设它们被用到的那一天已经到来了吗？如果没有，这些拥有精美印刷的中小型纸盒就已经成为收纳杀手，一步步无形地侵占你的生活空间了！

想想看这些留下来打算未来使用的纸箱、纸盒，已经躺在柜子里多久了？假设它们被用到的那一天已经到来了吗？

收纳杀手 3：免洗餐具与卫浴小物

把餐厅多给的一双免洗筷子带回家、旅行时将旅馆的牙刷牙膏沐浴组当作纪念品带回家、把买饮料时多抓的一把吸管带回家……仔细想想，自己到底带了什么回家？这些家里本来就有的物品，其实带回家后根本就不会使用，只是制造了多余的垃圾罢了！

⊃ 免洗餐具

筷子、汤匙、碗、杯子、盘子、叉子、吸管……这些免洗用具，因为不用清洗、用完即丢的特点让你觉得很方便，但如果这次没用到，便顺手将它们带回家，下次又会拿到新的。这样你还会想到躺在抽屉里的那一大把免洗筷吗？是不是这次没用到，就把它们又放进抽屉里了呢？

打开抽屉一看，如果里面放着免洗餐具，就代表自己根本不需要再带回任何免洗餐具了！ 因为家里已经有坚固好用又美观的瓷盘铁叉。说实话，免洗餐具对生活及空间只是个负担。狠下心将所有的免洗餐具丢掉吧！这时候你会发现空了的一个区域、一格抽屉可以收纳更实用的物品！

外出用餐时，建议带着自己喜爱的不锈钢专属餐具，既环保又比使用免洗餐具更卫生！

Column 03

收纳大告白：
我家也有舍不得丢掉的"无用物"

盘点家中无用物

☑ 各种公仔、玩偶。

☑ 求学阶段的奖状。

☑ 家里宠物早就不再玩的玩具。

☑ 学生时代的校服、毕业纪念册。

☑ 信、卡片、照片、明信片。

☑ 第一份工作的名牌。

☑ 早就不再练的吉他。

以上这些东西，仅写出来就叫人无法丢弃，如果有一天能够狠下心来丢弃，可能家里视觉上会变得非常宽敞吧！

因为"心动"，所以我愿意好好保存

"真的没有用，可是我好喜欢，可以不要丢掉吗？"

"当然，让我们收纳整齐，好好保存它吧！"

精心挑选的公仔	⊃	在收纳整洁的家里可以漂亮地陈列出来，每天看到都好开心。
求学时的奖状	⊃	偶尔翻看，激励长大后的自己。
小孩襁褓时期的衣服	⊃	保留一件，记录初为人母的感动。
早就没在练的吉他	⊃	一时兴起学的吉他，让我回想起求学时的青涩时光。

虽然没有什么用处，可是看着它心情就很好，这就是心动的感觉。这些令你心动的东西，蕴含着快乐时光的回忆，源源不绝地为你带来力量，更应该妥善照顾和保存，这才是收纳的真谛，这就是幸福！

收纳不只是扔东西

正因为空间有限，我们才要把日常最重要的居家空间留给最爱的事物，不是吗？

> 希望每天睁开眼，看见的都是令你心动的东西；每天回到家，迎接你的是舒适自在的环境。

○ 旅馆免费的沐浴用品

因为高级旅馆的沐浴用品是免费备品，很多人住旅馆时总是会顺手将这些物品带回家。"外出时还是备用一组沐浴用品比较好吧？""要是去的地方没有牙刷怎么办？""我带自己的牙刷会弄丢，不如就带旅馆的备品吧？"请你打开抽屉，看看自己沐浴备品的数量，就知道你担心的问题根本就不存在，而且抽屉里的免费备品数量是不是一直在增加呢？

想将免费备品斩草除根，建议使用自己喜欢的一组专用刷具、沐浴用品。因为各类免费沐浴用品制造成本低廉，用料较为粗糙，其实使用起来不会特别舒适，不如就戒掉顺手拿的习惯，沐浴时使用自己精心挑选的沐浴露、沐浴球，被喜爱的物品环绕，身心反而更清爽舒畅！

 ## 收纳杀手4：旧寝具

枕头棉被也是收纳杀手？没错，任何材质的棉被、枕头的体积都相当大，除了目前正在使用的棉被外，通常家里也会准备换季用的备用寝具组，再加上百货公司等店家常以棉被、枕头作为赠品，家中容易堆积过多的寝具，硬生生地压缩家中的生活空间。

寝具备用数量过多，也会压缩家中的空间。

一般来说，**每个人最多需要3件棉被替换，一家五口最多也只需要15件**，若是囤积20～30件，无疑只是让收纳杀手在家中肆虐。趁机检视一下，家里是否已经有棉花结球、棉被枕头表面泛黄、枕头塌陷等问题的寝具？淘汰掉过旧的棉被和枕头而使用新的，不仅唤回了健康，也让家中的空间得到了释放！

Column 04

原来是椅子

听说每个女孩的家，都有一张这样的椅子？

下图中的椅子是"杂乱"VS"整洁"的对照图，

你家有哪种椅子？

觉得"身中数箭"的女孩不要慌张！

赶快想办法找回消失已久的整洁的椅子吧！

然后就能勇敢地、大声地说："我家没有！"

【原来是椅子】

收纳杀手5：杯具组

早上起床喝杯水，吃早餐喝杯热咖啡，下午茶泡个奶茶来喝，吃晚餐再倒杯饮料来喝，睡前喝杯热牛奶暖胃……一整天下来，你用了几个杯子呢？从保温杯、运动水杯、环保杯到磁杯、马克杯、玻璃杯，大大小小各种材质的杯子摆在家里，无形中已经占据了好多格抽屉柜子。

杯子的形状各不相同，而且杯子内中空的空间也被迫成为闲置空间，甚至大部分杯子还无法堆栈，只能平放，若是将杯子全数保留在家中，反而让空间无法运用自如。先假设一整天都不洗杯子，检视自己一天下来需要几个杯子呢？若每人最多使用5个杯子，那5位家庭成员则总共需要25个杯子。

那么超出这个数量的杯子都会徒增生活及空间负担，**不妨精选出你最喜欢的5个杯子，让它们真正进入自己的生活，珍惜地使用吧！**

家里的杯具不用放太多，留下真正需要的即可。

两大收纳秘诀，彻底实践断舍离

开始进行收纳前可以把"家"想象成一个背包，你每天都把几样东西放进去，而且根本不管是否用得到，从来没有把东西拿出来，这样这个背包总有一天会爆炸吧？为了让空间能更有效地被利用，就必须掌握 2 大收纳秘诀！

 ## Point1：将同类物品集中，摆脱重复购买循环

几乎每个家庭都存在着一个现象，某几种物品有大量的备品散布在家中各个角落，像是牙线棒、棉花棒、胶带等，因物品没有同类集中，所以总是：

> 找不到→就以为好像没有了→添购后又没有将同类物品集中，而是随意搁置→忘记已添购，好像又没有了→陷入重复购买循环。

摆脱重复购买循环的秘诀就是**掌握好本书所介绍的"3 步收纳术"**，将同类物品分类集中→抉择丢弃→定位上架，这样便能让空间更有效地被利用！因为在步骤 1 里，你便需要将同类物品集中收纳，将相同的物品从各处找出并集中，这种方法特别适用于共享物品或工具的收纳，例如牙线棒、药品、胶带等。采用集中收纳法，不仅可以同时检视总持有量，也可以跳出不断重复购买的无限循环！

将物品集中放置，好好检视一下你到底有几个重复物品？

Point 2：依照物主需求分开收纳，避免混淆找不到

过去你是不是也有将不同人的东西放在一起的收纳习惯，例如小朋友的游戏间里也混杂着爸爸的玩具收藏品。这看似运用的是同类集中的方法，却忽略了另一个重点——依照物主分开收纳。

依每个人的物品来划分区域分别收纳，可以避免物品混淆找不到的窘境，这个方法特别适用于个人物品，像是哥哥的衣服和弟弟的衣服分开收纳，或是爸爸的玩具和孩子的玩具都要划分区域分别摆放。

依物主需求重新收纳后，爸爸搜藏的玩具可以集中排列，游戏光盘和书籍分开而不易混淆，书房各角落的定位也清楚明了！

依物品主人的需求来分开收纳，划分区域分别摆放。

Q&A 收纳疑问解答！
解决你的收纳大小事

购买收纳盒前，请先停（停下来思考）、看（查看自己的收纳空间）、听（听取专家或亲友的建议）。

Q 收纳前，到底要不要买收纳盒呢？

我们经常在收纳前后遇到这样的询问：

"我需不需要买收纳篮呢？"

"你们卖收纳用具吗？"

"可以请你们帮我买吗？"

首先，到底需不需要再添购收纳工具呢？我们的答案通常是"先不要"。

在初步的收纳阶段，往往会分类出很多现在用不到的东西，可以舍弃、回收、捐赠，不需要再留在家里。《断舍离》的作者曾用无人宠幸的大奥中的侧室来形容这些摆在家里杂而无用的东西，当做完了分类与抉择的工作，或许家里的空间远比自己认为的还大。

还有更常见的第 2 种可能：啊！原来我想买的收纳盒不适合！

很遗憾，经常会发生这种失误。所以先用家里原有的工具去做收纳，确实需要添购的时候，也能够更了解自己现在的需求，不容易买错，全部的收纳盒一起买，相同的颜色和材质看起来也比较整齐。**若是想到就买、一个接一个地买，每个收纳盒的颜色不同，很容易让家里显得凌乱，而且不同品牌的收纳盒大小也不同，很难堆栈。**

收纳物品买得越多，家里越整齐？

大家总对收纳这件事有一个天大的误会，以为东西太多时只要买收纳用品就可以解决收纳的困扰了，而不管东西的数量有多少，如果柜子不够放了就再买新的柜子来塞，这样恶性循环不但没有改善收纳的问题，还可能造成其他问题。例如：可能买了家中不适用的收纳用品，或是分批购买的收纳用品格式不一、五颜六色，结果让家看起来更为杂乱，反而造成收纳灾难，又多花一笔开销。

收纳的第一步骤是先检视物品本身，第二步骤再来考虑空间，先聚集"收"拾，然后才能"纳"入空间。 至于要纳入什么样的空间呢？只要坚守以下两个简单的原则，就能整齐一辈子哦！

NOTE!
要买收纳用品之前，先看看家里的物品与空间适合哪一种再购买，才不会造成浪费！

善用收纳物品，就能让家里看起来干净整齐。

选择收纳物品时，最好选择透明（雾面）的，能让物品更一目了然。

Point1　事先测量好大型收纳空间

当需要使用大型收纳柜、收纳篮来整理时，必须先测量家里的空间、需要的空间大小。建议使用透明或雾面的塑料材质，这样在搬移时更一目了然。

CP 值高的收纳物品

项目	特色
放式层架 	开放式的层架无论有门、没门、厨房、衣柜，都可以利用收纳篮或是盒子充当抽屉使用，柜子深度多深都不怕。建议先测量好柜子每格的长宽高，再选购合适大小的收纳篮
收纳箱 	• 塑料收纳箱可大可小，是大型储物和各项收纳的好帮手，放置储物间中可用来收纳大型物品，或是将玩具依照类型作区分，球类、玩偶、车子、塑料玩具、乐高等，各有各的家。 • 另外，文具、工具、生活用品都可以依照合适的大小分装，最好选择透明（雾面）的设计，可以一目了然地看到里面的物品
抽屉式收纳箱 	抽屉式收纳箱很万能，也不怕堆栈，选择透明（雾面）的箱子，可以一目了然。吃的、穿的、用的都很适合收纳，收纳物品时要直立摆放，因为是抽屉，所以不用翻箱倒柜就可以轻松拿取

Point2　小物收纳用品先集中再定位

零散小物常是收纳时最头痛的部分，因为分类模糊，所以定位也跟着模糊，东一个、西一个，显得杂乱无章。

分类上，可以先依照物品类别区分，集中之后再定位到相应的区域。例如：文具集中到书房的书桌附近，生活小用品（指甲剪）集中到客厅或是房间，牙刷、牙线、牙膏集中到生活用品区……依此类推。

CP 值高的小物收纳盒

项目	特色
分隔收纳盒 	文具、手工艺材料、发饰用品、小饰品、纸胶带等，都可以善用分隔收纳盒直接分类（可用药盒当分隔收纳盒使用）
方格篮 / 小型收纳篮 	收纳篮大小不一，小型的方格篮适合小物的分装收纳，CD、DVD、电子产品线材、浴室的沐浴用品、厨房调味料等，都可用方格篮分类收纳。此外，亦可直接放在抽屉里面当分隔
桌用 / 台面小物收纳盒 	桌面 / 台面收纳用品可以增加桌面的空间，但是整体桌面的空间至少要留有七成的空位，不然很容易显得杂乱，也会丧失桌面的使用功能。建议养成物归原处的习惯，千万不要堆积在桌面 / 台面
L 型档案盒 	零散常用的小物可以直接收纳到抽屉收纳盒便于使用，而文件、信件、账单等可用档案盒直立收纳

可以推荐一下好用便宜的收纳小物吗？

我们身边有很多东西可以一物多用，价格亲民又方便。下面我们介绍收纳团队常使用的收纳小物，供大家参考！

好物 1 商店（自由自在系列）

共计有 7 种款式设计，分别是大浅型收纳盒、小型收纳盒、小浅型收纳盒、分隔收纳盒、小物收纳盒、小深型收纳及笔筒型收纳。它们的设计简约大方有质感，价格却很亲民，使用方便又可以堆栈在一起，看起来清爽且有整体性！

好物 2 冰块盒

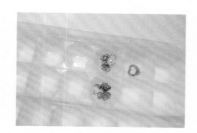

家家户户都有冰块盒，买了造形特殊可爱的冰块盒后，原本冰箱附带的统一式冰块盒就被闲置了。其实像戒指、耳环，或是一些细小的配件、纽扣，都可以放在冰块盒里收纳，不用怕散乱不好拿或是乱丢在哪里找不到。

好物 3 衣架

衣架不仅可以晒衣服和吊挂衣物，还可以拿来作餐巾纸架、挂眼镜、挂杂志，是不是很方便呢？

好物 4 　隐形眼镜盒

隐形眼镜盒是戴隐形眼镜的人常能免费得到的小物，它不仅可以拿来放隐形眼镜，还可以装乳液、洗发液、沐浴乳。因为容量小，很适合短期旅行、出差使用，用完清洗后再重复利用，实用又环保！除此之外，外出时也能放入耳环、项链等饰品！

好物 5 　夹子、晒衣夹

夹子、晒衣夹不仅可以晒衣服，还可以拿来收耳机线、夹没吃完的零食包装。

好物 6 　夹链袋

透明的夹链袋由小到大尺寸多样，不管拿来装什么都可一目了然，还能省去找东西的时间。像是电子产品线材大部分是黑色的，此时用夹链袋来分装，不仅不会让线纠缠在一起，一包一包的也好辨别是不是自己要用的线材。

PART 02

收纳基础篇！

必学物品归类整理术

一般衣物收纳

在我们团队服务过的所有案例中，衣物是收纳中最大宗的品类，而且种类非常多，大致可分成上衣、下衣，女生的衣物还分不规则衣服（蝙蝠袖）、洋装、裙子等。收纳时掌握 3 步收纳术的技巧，依照分类→抉择→定位的方式，便能让"爆炸"的衣柜重见光明。

STEP *1*——分类

按照 3 步收纳术的原则，第 1 步是分类，因此在整理收纳衣物时，我们便需要把全部衣物拿出来分类（参照右页衣物分类表格）。分类后还要再细分成吊挂和折叠两大类别（参照下页中的吊挂 VS 折叠表格）。

将衣服全部摊开来检视，并做好分类，这是收纳的第一步。

衣物分类清单

品项	内容	
上衣	• **T恤：** 无袖、短袖、五分袖、七分袖、长袖、连帽、运动上衣 • **衬衫：** 短袖、无袖、五分袖、七分袖、长袖 • **内搭：** 背心、衬裙、发热衣 • **棉麻衫：** 无袖、短袖、七分袖、长袖、两件式、公主袖、背心 • **毛衣：** 无袖、短袖、七分袖、长袖、套头、开衫 • **针织衫：** 背心、短袖、五分袖、七分袖、长袖、两件式 • **其他：** 针织外套、套装、睡袍	
外套	运动外套、羽绒外套	
下衣	• **裙子：** 高腰裙、A字裙、百褶裙、蛋糕裙、皮裙、背心裙、吊带裙、连衣裙、鱼尾裙 • **裤子：** 牛仔裤、长裤、九分裤、八分裤、七分裤、五分裤、短裤、内搭裤、连身裤	
洋装	• **雪纺上衣：** 无袖、短袖、七分袖、两件式 • **洋装：** 平口、细肩带、无袖、短袖、长袖、运动休闲、露背、孕妇装、背心裙、连身裙、高腰	
配件	围巾、丝巾、袜子、内衣裤、腰带、皮带	

吊挂 VS 折叠清单

品项	内容	
吊挂类	西装、衬衫、洋装、裙装、外套、雪纺上衣	
折叠类	T恤、内搭、针织类、毛衣、裤子	

FIRM&TENDER

Column 05

你值得更好的生活

现在已进入物资过剩的时代，即使自己不去买，积分换来的赠品、各种会员礼、满额赠得到的密封盒、环保筷、环保袋和大大小小的电器用品，数都数不清！

☑ 可是我们真的需要这些东西吗？
☑ 同样的东西，真的需要这么多吗？
☑ 这些东西的样貌和质量真的值得我把它们留在家里吗？

如果东西要自己花钱买，或许还会考虑一下，可是一旦被当成赠品又印上了流行的图案或喜欢的颜色，很容易有"不拿白不拿"的想法。但冷静下来不难发现，厂商就是利用人们普遍会有的这种心态，提高了我们的消费金额。

一不小心就掉入了营销的法术，回家后还要面临"根本用不到，但又不舍得丢弃"的困境，最终堆积在家里，造成更大的负担和麻烦。

FIRM&TENDER

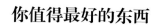

你值得最好的东西

如果不是一百分的喜欢,不是真的正好能用到,就没有必要让它留在家里。

- ☑ **纸袋、塑料袋** ➲ 下次购物还会有,没有必要囤积。
- ☑ **瓶瓶罐罐** ➲ 淘汰掉容易损伤泛黄的塑料制品吧!
- ☑ **食品** ➲ 利用有限的空间控制购买数量,吃完再买,不要受特价诱惑!
- ☑ **各种电器** ➲ 检视自己的生活型态吧! 你真的有时间在家煮咖啡、榨果汁、研磨食物吗?

与无用物说分手吧

这些被制造出来的物品,应该是为了人们生活更方便、更舒适的产品,因为目前不需要而过剩地被囤积在家中,终究成为无用之物,这完全像是在错的时间遇到对的人啊!

> 请牢牢记得,你值得最好的东西、最好的生活,大胆地与无用物说分手吧!

STEP *2*——抉择

衣物是大部分人整理时最头疼的前 3 名，因此在抉择时最难割舍。抉择衣物时掌握的原则是：**留下自己真正喜欢的！**首先可以淘汰状况比较差的衣物，如泛黄、污渍、领口松掉的衣服。

接下来可以**淘汰那些已经放了很久，总认为瘦了可以穿、以后或许会穿，而好几年都没穿过的衣物**，这些淘汰的衣物可以拿去回收或送人。请记得留下自己真正喜欢的衣物，才能有效减少衣物数量、留下真正会穿的衣物。

STEP *3*——定位

分类和抉择好后，我们便要将需吊挂或折叠的衣物收纳好，若是折叠的衣物，可多加利用收纳盒、收纳篮来收纳，后面也会列出推荐的衣物收纳好物。

 吊挂收纳法

> **适用：西装、衬衫、洋装、裙装、外套、雪纺上衣**

吊挂的衣物类必须挑选合适的衣架，这样可以保持衣物形状、延长衣物的寿命，并依材质及用途（西装、洋装、裙类等）分类好。

吊挂收纳三大关键点

○ **关键点 1：衣架材质**

吊挂类衣物要依照衣物的类别，挑选合适的衣架，西装、衬衫、厚外套要挑选肩部为宽版的衣架，才能分散衣物的重量以维持衣物的形状，最好挑选硬塑胶或木制材质。

○ **关键点 2：挑选衣夹**

在挑选裙子类的衣架时，要特别注意衣夹的部分，挑选夹口为平滑造型的衣架，这样在裙子腰部才不会留下明显的夹痕。若是没有注意到这一点，长久使用可能会使布料变形。

○ **关键点 3：统一色系**

选购衣架的时候，建议尽量买同一色系的衣架，使衣柜画面看起来更统一整齐，也更赏心悦目。

一般衣物收纳

建议购买同色系的衣架，若是没有统一色系，收纳后的衣柜画面仍显杂乱。

西装以吊挂的方式收纳，按颜色和类型分类，看起来较为一致。

折叠收纳法 1：直立式

> 适用：T恤、内搭、针织类、毛衣、裤子

大家在收纳衣服的时候，习惯将衣服平行叠放，但这样的收纳方式及习惯会增加找衣服时的困难度，将常穿的衣物都放在抽屉的表层，那么下层衣服穿的概率就变少了。

不仅如此，平行叠放也很容易在找衣服时将其他的衣服弄乱，导致抽屉里的衣服越来越混乱。当看见抽屉里的情况变得一发不可收拾时，想好好整理的心情便会消失。

如何让所有衣服一件件在抽屉里平整排好，一拉开抽屉又能马上找到要穿的衣服呢？务必使用**直立式收纳法**，这样不仅可以充分利用抽屉里的空间，找衣服时也能马上看见！

将所有衣物拿出后，按照短袖上衣、长袖上衣、短裤、长裤、袜子、毛巾手帕分类，以直立式收纳法重新定位回抽屉里，一拉开抽屉马上就能看见要找的衣物！

平放堆叠衣物，最后会越堆越多，看起来杂乱无章。

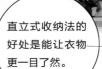

直立式收纳法的好处是能让衣物更一目了然。

折叠收纳法 2：卷折式

卷折式收纳法适用于内搭背心类，因为它们通常比较小、材质较软，卷起后不仅好寻找也节省许多收纳空间。卷好后收纳至小型收纳篮再放进抽屉内，这样一拉开抽屉便可清楚看见每件背心。

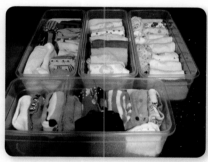

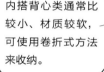

内搭背心类通常比较小、材质较软，可使用卷折式方法来收纳。

折叠衣物后，还要挑选适合的抽屉收纳盒来定位摆放。

四大衣物收纳好物推荐

适用折叠收纳法的衣物，折叠好后还要挑选合适的抽屉收纳盒来定位，挑选收纳盒的三大原则为：**收纳盒材料坚固可堆栈、移动方便、能清楚看见收纳的内容物**，下面将介绍四种推荐的折叠衣物收纳盒。

推荐 1：透明（雾面）抽屉收纳盒　　适用：T恤、内搭、针织类、毛衣、裤子类

T恤、内搭、针织类、毛衣、裤子类衣物，适合用直立式收纳法来折叠。折叠好衣物后，放入透明或雾面的抽屉收纳盒，这样从外部一眼就可以看见，方便寻找，一拉开抽屉便一目了然，再也不用翻箱倒柜，可以轻轻松松选择拿取！

 推荐 2：方格篮 / 小型收纳篮　　适用：内搭背心

在折叠收纳内搭背心类衣物时，建议使用卷折法，因为背心通常比较小、材质较软，卷起后不仅好寻找，也节省许多收纳空间。卷好的背心必须收至小型的收纳篮中再放进抽屉内，才能维持每件都按直立式平整排好，一拉开抽屉便可清楚看见每件背心。

推荐 3：分格收纳盒

适用：**配件类小物**

一般衣物收纳

袜子、丝袜、皮带、领带等，最好以格状的收纳盒收纳，因为物品较小而且分类上属于搭配类，自然比较琐碎多样，以一个个小格一件件分类是最清楚方便的，还能计算自己拥有的数量。放入分隔收纳盒后，要搭配服装时，一打开抽屉就能马上选取今日最佳配色！放置抽屉内也能维持整齐的画面，每天打开抽屉时都是好心情。

 ## 推荐 4：垂挂收纳格

适用：**背心、T恤、丝巾、围巾**

如果家里没有足够空间来购买横式抽屉衣柜，那么垂挂收纳格就是你的好帮手，它能让你在衣柜里制造出新的收纳空间！例如背心、T恤、丝巾、围巾等都可以卷起来收纳至格子中，将衣柜内的空间压缩，产生新的空间给其他吊挂类衣物。

Column 06

省下空间留给幸福

"抉择物品"有时会让人心烦意乱，种种违背儿时长辈耳提面命的节省行为，让罪恶感一点点油然而生，但是如果不能舍去这些现在已不使用、不心动的物品，收纳的成果就会非常有限，收纳的魔法也无法完全施展开来！这时我们该怎么办呢？

你想过仓储成本吗？

以双北的房价举例，台北市大安信义区每坪 * 价格 80 万起步；中正区不遑多让，至少 60 万；中山大同区则是每坪 40 万～ 70 万；新北市中永和板桥平均 45 万左右；离市区远一点的依山傍水的三峡区，每坪成交单价则在 22 万元左右。看到这些数字是不是头昏眼花，肩上彷佛突然增了几斤的重量？

大家想过自己使用几坪的空间，去存放这些根本不会用也不心动的东西吗？就是要一鼓作气把所有东西清理出来，因为唯有如此，你才会知道自己总共有多少种类的东西，这些东西又有多少数量。

---

* "坪"为面积单位，1 坪约为 $3.3m^2$。

一般衣物收纳

居家收纳服务时，当我们和客户一鼓作气把东西全清理出来，经常会听到："天哪！我都不知道我有这么多×××"。×××可以代替任何的衣服、鞋子、唱片、棉被、碗、玩具。是啊！不一鼓作气清理出来，你真的不知道拥有多少物品。

再加上抽奖、年会、满额赠的各种礼品——烘碗机、咖啡机、松饼机等，将这些东西全集中在一起，总共占据了多少空间呢？这每一坪的空间，又让你多背了几年的房贷？多付了几千块的房租？如此思考后，便可以立刻放弃对那些东西的执念。

衣物吊挂法大公开

 西装套装吊挂

STEP 1
首先将西装裤摊平，并左右对齐折好。

STEP 2
对齐折好后，再将长裤往上或往下，折为一半的长度来吊挂。

STEP 3
选取一个宽版衣架来吊挂西装裤，衣架材质应选塑胶或木质类，若选铁制衣架，长时间使用会使西装变形。西装最好成套（外套及裤子）吊挂，使用上也会方便很多。

STEP 4 **FINISH!**
最后挂上外套就完成了！

Tips: 吊挂西装外套时，扣子不要扣上！

吊挂西装外套时，扣子不要扣上，否则西装的腰身部分会因此变形，扣子周围的布料也会因此变皱，久而久之就很难再恢复原貌了。

一般衣物收纳

长裤吊挂

STEP1
先将长裤摊平对折。

STEP2
由上往下对折。

STEP3 FINISH!
吊挂时，突出部分朝内，平整部分朝外。

衣物折叠法大公开

短袖 T 恤折法

短袖上衣、POLO 衫都适用此折法。

STEP1
先将 T 恤翻到背面。

063

收纳分 3 步！

STEP 2
沿着虚线往内折。

STEP 3
袖子要沿着虚线往外折，而另外一边也用同样的方式折。

STEP 4
将领口部分往下折、尾端往上折。

STEP 5
沿着虚线，将折好的下摆塞入领子后方。

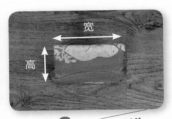

STEP 6
FINISH!

将所有 T 恤按上述步骤进行折叠，直立式收纳就完成了！

NOTE!

双箭头的长度决定衣服折完的宽度，例如小抽屉的宽度为 32cm，故宽度折 15cm 即可。衡量好宽度后，照着虚线往内折（可将手指作为长度估算的工具）。

双箭头的长度决定衣服折完的高度，例如小抽屉的高度为 15.5cm，故高度折 15cm 即可（可将手指作为长度估算的工具）。

一般衣物收纳

你为周年庆疯狂了吗？

你是否收到过很多周年庆的宣传单呢？走在街上，各种"特价、优惠、杀很大"让你眼花缭乱了吗？每到周年庆你就准备去百货公司大肆血拼吗？"满五千送五百、刷卡满额礼"的优惠活动使你陷入疯狂了吗？

购物前，请先"停""看""听"

☑ 在购物前，事先列好购物清单了吗？ ➲ 只买清单上需要的东西！

☑ 是不是"为了买"而去"买"呢？ ➲ 我们并不需要跟随潮流。

☑ 满额的赠品、礼券真的比较划算吗？ ➲ 实用、好用、真心喜欢？

购物没有不对、没有不好，我们也同样享受着买到一件好东西而带来的快感和满足感。正因如此，在购物前后，我们更加应该谨慎地思考这些问题。

请不断重复确认：

★它真的令我心动吗？

★我是否冲动购物了？

★它真的好用、实用，而且我一直会用吗？

★特价产品真的"值得"我拥有吗？

FIRM&TENDER

短裤折法

STEP 1
将短裤平铺后对折。

STEP 2
将突出的部分往内折。

STEP 3
衡量抽屉的高度和宽度后，我们将裤子二等分，裤头往下折。

STEP 4 FINISH!
完成后可直立收到抽屉柜，并将所有短裤进行直立式收纳！

NOTE !

如果将裤子分成三等分，最后可将裤管往上，折到裤头内再用手压平。

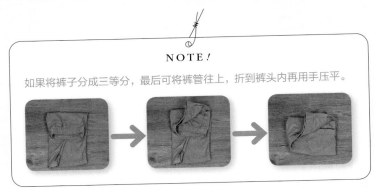

连衣裙折法

一般来说，建议以吊挂的方式收纳连衣裙，若吊挂空间不足，也可以用直立式收纳法。短裙、长裙也都可以使用下面的折法来收纳。

STEP1
将连衣裙摊平。衡量抽屉的高度和宽度后，这里我们将其以1/3的宽度向内折。

STEP2
一边以1/3的宽度向内折。

STEP3
另一边也以1/3的宽度向内折。

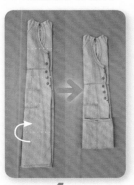

STEP4
依柜子高度来衡量，将裙子五等分后，将裙摆向上折。

STEP5
将折好后的连衣裙直立收到抽屉柜就完成了！

FINISH!

FIRM TENDER

衬衫折法

STEP1
将衬衫摊平，先划分好 1/3 的区域。

STEP2
将衬衫反过来，以衬衫 1/3 的宽度向内折。

STEP3
另一边也以衬衫 1/3 的宽度向内折。

STEP4
接着以衬衫 1/3 的高度向上折。

STEP5 FINISH!
翻到正面，就完成了！

Tips: 开会或出席正式场合，再也不怕衬衫变形。

将折好的衬衫放入硬壳文件夹中收纳，这样就能避免在行李箱中被压至变形，方便开会或出席任何正式场合携带，不用再为衬衫变形而烦恼了！

长袖 T 恤折法

一般衣物收纳

STEP 1
将 T 恤翻到背面。

STEP 2
（1）将左侧往内折。
（2）将袖子往外折。

STEP 3
袖子按虚线往内折成直线。

STEP 4
双箭头的长度决定衣服折完的宽度，例如若抽屉的宽度为 32cm，衣服宽度折 15cm 即可（可将手指作为长度估算的工具），衡量好宽度即依照虚线往内折。

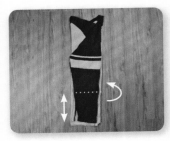

STEP 5

双箭头的长度决定衣服折完的高度，例如小抽屉的高度若为15.5cm，衣服高度折15cm即可（可将手指作为长度估算的工具）。

STEP 6

若衣服下摆较短，折1折即可。

STEP 7

双箭头位置要预留约1cm的宽度，沿着虚线，将折好的下摆塞入领子后方即可。

STEP 8

将所有T恤进行直立式收纳！

FINISH!

NOTE!

长袖上衣、长袖POLO衫、连帽T恤都适用此折法，但在折连帽T恤时要记得将帽子往内折。

长裤折法

一般衣物收纳

STEP1
先将长裤摊平对折。

STEP2
将突出的部分往内折。

四等分　　　三等分

STEP3
依照收纳抽屉的高度
来衡量长裤折好的高
度，可以将长裤三等
分、四等分，将头尾
上下往中间折。

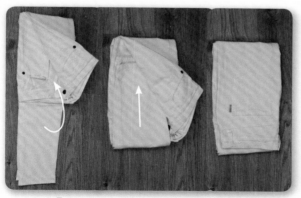

STEP4
将下方裤管往上折到裤头内，并将其摊平。

STEP5 **FINISH!**
对折后，直立式收纳
到抽屉柜就完成了！

071

Column 08

请马上拆掉包装和吊牌

相信大家总是能在家里找到各种保留完整包装的物品:

- ☑ 丝袜、袜子。
- ☑ 手机、相机的整组外包装盒。
- ☑ 电器产品的外盒。
- ☑ 名牌包和衣服的吊牌。
- ☑ 珠宝首饰的包装盒。

拆开它你才会使用、才不会忘记、更不会多买!

因为感觉比较好收,所以没拆开的袜子虽然具备完整包装,但长久压在柜子深处,即使是新的,看起来仍积满灰尘。因为早就忘记自己有这些东西,有需要的时候又会去买新的,最后越积越多。

除非是专业的卖家,请放弃"拍卖使用过的电子产品"的想法!

我们曾遇过一位客户,家里有一整面柜子,放满了手机、相机、记忆卡、电器产品的盒子,他的理由是:未来要卖的时候,会卖个比较好的价钱。但除了少数的相机或是前一年苹果公司的产品,九成以上的电子产品的淘汰速度快到你根本没有卖出它的机会。

客户的柜子里还保留着诺基亚时代的手机盒(手机早就不在)、已经购入2年的笔记本电脑纸盒。这些东西既不心动也不使用,完全没有必要留在家里,更何况以现在科技发展的趋势,实在没有人会购买2年前出产的笔记本电脑。

搬家不是理由，重点是现在每天舒适自在的生活！

电器产品的盒子更是完全没有保留的必要，许多人会说搬家的时候可以用到，但搬家的事还是到搬家的那天再去想办法吧。如果不是这个月就要搬家，委屈现在的自己住在堆满纸箱的房子里面，不是很不值得吗？

名牌或昂贵的首饰，不应该是供品！

名牌包、大衣的吊牌或珠宝的盒子，也经常原封不动地储藏在某个角落，但根据我们的经验和观察，没有拆开吊牌的衣服根本不会被穿出门，没有从盒子里拿出来的珠宝根本不会被配戴。

既然已经花了钱买好东西，当然就要穿戴它、使用它，没有拆开包装的名牌衣物往往像是某种珍品，不知不觉就被供在那里，完全没有替你增添光彩！唯有使用它，将它们与所有的衣物一并收纳，这个物品才会真正地属于你，你也才会将它视为生活的一部分，自然地穿戴着。从今天开始，购物后就将物品的外包装和吊牌拆开吧！

请你跟我这样做：

- 购物的时候，拒绝过多的包装、塑料袋，不仅可以免去店员的麻烦、节省资源的浪费，更能省去整理垃圾的时间。
- 不能退换的物品，在购买的时候立刻于柜台拆开包装检查，也可以请店员将包装丢弃，并感谢他的协助。若无法在柜台拆开，回家后也应立刻拆除包装。
- 有鉴赏期的物品也是一样，一旦买回家应立即试用，确认没问题的东西，马上将包装拆除并归位。

一般衣物收纳

毛衣折法

STEP 1

首先将毛衣摊平，翻到背面。

STEP 2

接着将左右袖子平行交叠向内折。

STEP 3

对齐领口边界向内折。

STEP 4

另一边也对齐领口边界向内折。

3 等分

STEP 5

量好抽屉的高度宽度，这里我们将其分为 1/3 来折叠。

STEP 6

最后由下往上折，就完成！

FINISH!

不规则衣服折法（蝙蝠袖上衣）

STEP *1*
将上衣摊平后翻面。

STEP *2*
将袖子向内折。

三等分

STEP *3*
另一边的袖子也向内折，然后将衣服宽
度以 1/3 来划分。

STEP *4*
将一边以 1/3 的宽度向内折。

STEP 5
另一边也以 1/3 的宽度向内折。

四等分

STEP 6
将衣服四等分，以 1/4 的高度向上折。

STEP 7
大功告成！

FINISH!

FIRM&TENDER

背心折法

STEP*1*

将背心翻至背面，并划分好 1/3 的高度。

STEP*2*

以背心 1/3 的高度往下折。

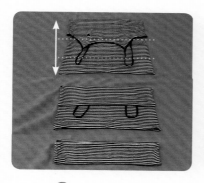

STEP*3*

再继续划分出 1/3 高度，将背心往下折。

STEP*4*

最后由左至右卷起，就完成了。

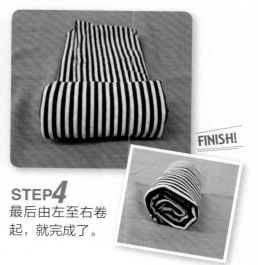

FINISH!

蓬蓬裙折法

三等分

STEP*1*
将蓬蓬裙摊平后翻面,
并划分好 1/3 的宽度。

STEP*2*
以蓬蓬裙 1/3 的宽度往
内折。

STEP*3*
另一边也以 1/3 的宽度
往内折。

STEP*4*
从裙头往裙摆方
向卷起即可。

FINISH!

一般衣物收纳

　　每个人家里使用的收纳抽屉大小都不相同，而将折好的衣物收纳到抽屉时，**建议宽度是抽屉的 1/2、高度不能超出抽屉高度**，因此在折衣物时，就要先预设好衣物折好后的高度与宽度。

○ 计算衣服折好的宽度：

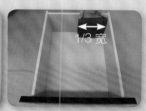

❶ 以中指到姆指为准，来测量抽屉的宽度，这样便能决定衣物的宽度。

❷ 测量后将衣物以 1/3 的宽度来折（三等分），收纳到抽屉时就能放 2 排，故将衣服以平行总长的 1/3 宽度向中心折。

❸ 以 1/3 的宽度来折，收纳到抽屉后，就可以放 2 件。

○ 计算衣服折好的高度：

❶ 以中指到手掌根部为准，来测量抽屉的高度，这样便能决定衣物的高度。

❷ 以手掌比对衣物后，大约将衣物四等分。

❸ 以 1/4 的高度来折，收纳到抽屉里，便不会超过抽屉的高度。

下面范例中的衣服,长为61cm、宽为40cm,依大、中、小高度的抽屉来计算,衣服折法大约可三等分、四等分、六等分,接下来以图示说明。

◎ 不同抽屉高度的衣服折法

抽屉高度	衣服折法	衣物完成高度
22cm	1/3	20cm
16cm	1/4	15cm
12cm	1/6	11cm

◎ 衣服折法范例

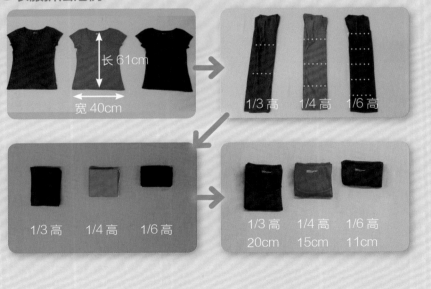

长61cm

宽40cm

1/3 高　1/4 高　1/6 高

1/3 高　1/4 高　1/6 高

1/3 高　1/4 高　1/6 高
20cm　15cm　11cm

贴身衣物收纳

在收纳最私密的贴身衣物时要给予特别的待遇，开辟专区收纳，让这些贴身衣物也可以找到舒适自在的"家"。整理贴身衣物时，要将男、女生分开收纳，掌握好 3 步收纳术，最后再依各种不同类型的内衣裤来折好，就能整齐且一目了然地收纳好。

将不同类型的内衣裤折好，让这些贴身衣物找到舒适自在的"家"。

STEP 1——分类

女生的贴身衣物分为不同的类型，其折法及收纳方式不尽相同，因此收纳的第 1 步便是把自己拥有的贴身衣物分类好，分类大约有以下几种。

贴身衣物分类清单

品项	内容
胸罩内搭类	钢圈胸罩、运动胸罩、隐形内衣、抹胸、贴身背心、束腹、塑身衣
内裤类	三角裤、四角裤、丁字裤、中腰安全裤、束腹三角裤、生理裤

STEP 2——抉择

小心胸罩变凶兆！内衣裤是最贴身的衣物，除了穿起来要舒适之外，功能性也很重要，如果失去原有的功能就该适时淘汰。

内衣变形、松弛、不合身、不透气，肩带松脱，都要淘汰！另外，内裤要特别注意清洁度，太旧、松脱、脱线的，应该全部丢掉。

NOTE！

内衣裤可依据每人使用的数量筛选：内衣依功能性每种至多 5 件轮流替换、内裤一人至多 10～20 件。

STEP 3——定位

定位时要依照整个衣柜的空间和衣物的数量，规划整体空间定位的大方向，一定要为"内在美"准备一个专属的收纳空间，切忌与其他衣服放在一起，防止造成拉扯。首先，观察衣柜中是否有适合收纳贴身衣物的私密空间，例如抽屉柜，并观察是否有合适的收纳分隔篮，若没有则可以利用现有的收纳盒、干净的鞋盒、喜饼盒作为收纳工具，吊挂于衣物下方空间。另外，相关配件，如胸垫、胸贴、肩带等，可集中收纳内衣裤周边，用小盒子集中起来即可。若数量过多，则收纳在衣服备品区。

- POINT1：定位时要掌握的重点，就是利用抽屉收纳贴身衣物，若空间不足则利用收纳篮集中收纳，再放置于吊挂衣物下方的空间。
- POINT2：收纳胸罩时，可以将背钩扣住后一件件叠起收进柜子里，如果不将背钩扣住收纳，很容易造成内衣变形。

贴身衣物分类与收纳

贴身衣物可以大致分为下几种，依各种类型的特性，其收纳方式如下。

胸罩内搭类

- 钢圈胸罩：将背钩扣住后，一件件叠起收纳到盒子里或是抽屉中的胸罩专区。
- 运动胸罩：把肩带下摆收到罩杯中，直立收纳或是胸罩对折直立收纳。
- 隐形内衣：需用塑料袋粘贴，或是用专用收纳盒。
- 抹胸：视数量与钢圈胸罩、运动胸罩一起收纳，亦可直接吊挂收纳。
- 贴身背心：可参考一般背心折法。
- 束腹：将背钩扣住后对折即可。
- 塑身衣：若无钢圈，可以与功能性衣服一起收纳；有钢圈则可吊挂收纳或是折成长条形。

内裤类

- 三角裤：依照材质折好直立摆放收纳,或是卷到裤头成条状,利用收纳格直立收纳。
- 四角裤：依照材质折好直立摆放收纳，或是卷到裤头成片状，平放堆栈收纳。
- 丁字裤：将两边收向中间，然后从下摆卷起，利用收纳盒集中一区（牙膏盒等小盒子）。
- 中腰安全裤、束腹三角裤：参考一般裤子的折法，视数量可以与内裤、裤袜或是内搭裤一起收纳。若材质为硬式无法折叠，则与功能性衣物用收纳盒/抽屉柜集中收纳，或是直接吊挂收纳。
- 生理裤：参考三角裤/四角裤折法收纳。

贴身衣物整齐排放，更一目了然、方便穿着。

内衣裤折法大公开

 内衣折法

STEP1
内衣先翻至正面放好。

STEP2
将内衣反过来，并扣好肩带。

STEP3
内衣翻回正面，并将肩带收至罩杯里。

STEP4 *FINISH!*
收好的内衣一件件平行叠放，以维持形状，收纳至抽屉里即可。

贴身衣物收纳

 三角裤折法

STEP 1
将内裤摊平，并划分好 1/3 的区域。

STEP 2
翻面后将内裤以 1/3 的宽度向内折。

STEP 3
另一边也以 1/3 的宽度向内折。

FINISH!

STEP 4
以 1/2 的高度向上折，再翻回正面即完成。

NOTE!

第 4 步骤也可以将裤尾端 1/3 的高度向上折、将裤头 1/3 的高度向下折，并将裤尾收进裤头里。

四角裤折法

STEP 1
将内裤平，将宽度五
等分。

STEP 2
将内裤翻面后向右折。

STEP 3
再往右折至中心处。

STEP 4
另一边采用同样方式，
向左折至中心处。

STEP 5 **FINISH!**
以 1/2 的高度向上折
起，就完成了。

FIRM&TENDER

服装配件收纳

服装配件在每个人的装扮里扮演着画龙点睛的角色，善用服装配件来穿搭，就能让个人的整体形象大大加分！整体来说，每个人对于服装的品味、衣着细节讲究的程度，就会体现在配件上，因此配件的收纳、保养是一件非常重要的事！

STEP **1**——分类

首先，依照配件类型来区分，若不易区分类型，则可依材质来区分，如分为布类、皮质、金属等材质，接着以大小排列好，这样才能准确知道自己需要多少收纳空间。

服装配件分类清单

品项	内容	
围巾类	围巾、披肩、斗篷、丝巾、领巾、头巾	
皮带类	皮带、腰带、腰链	
袜子	长袜、短袜、厚袜	
帽子	毛帽、草帽、棒球帽（可依材质来区分，如硬挺、软薄）	
手套	御寒用、植栽用、棉手套、机车用手套、塑胶手套	
饰品	项链、耳环、戒指、发饰	
其他	眼镜、领带	

STEP *2*——抉择

收纳服装配件时除了考虑类型，还必须考虑大小、材质、使用率等，因为台湾为海岛型气候，气候较为潮湿且带有盐分，所以皮制品若一段时间不去使用，就很容易氧化或发霉。这也是我们在收纳时必须要考量的重点之一。

抉择时不妨就淘汰这些久未使用的物品吧！这里以袜子为例，你知道自己有几双袜子吗？袜子到底需要几双才够呢？假设一星期洗一次，你大约需要的数量是 8 ～ 10 双。抉择时请检视一下自己所持有的数量，是不是常常有孤单的袜子，剩一只凑不成双、袜口常常松了等问题，此时就该丢弃。

整体来说，只要是脱线、发霉、材质刺激皮肤、不再心动且久未使用的，请一律淘汰吧！若平常都有搭配服饰配件的习惯，建议每种类型最多留下 3 ～ 5 种即可。

Tips: 皮带保养方式

皮制品若一段时间不去使用，就很容易氧化或发霉，非常可惜！皮带类可以用以下方式保养，能让其较不易氧化发霉。

- **皮带头：** 皮带在使用时建议不要去摩擦，一般销售的皮带头表面上都会加上一层保护膜，若退掉保护膜就很容易氧化，可以使涂上透明指甲油或透明漆晾干。如果是镀银皮带头，则可使用牙粉或牙膏清洁发黑处，再涂上透明漆或透明指甲油晾干。
- **皮带身：** 皮带身可以用凡士林、婴儿油、皮制品保养油来定期擦拭，若有发霉现象则可用白醋先擦拭发霉处，晾干后再用油擦拭即可。

STEP **3**——定位

　　将物品分类、抉择后，留下来的物品就是我们真正需要、会用到的。定位前，请观察家中有无适合收纳配件的收纳篮，若无合适的收纳篮，则可利用现有的盒子（鞋盒或是收纳盒）来收纳。若是配件数量不多，也可以用吊挂的方式收纳。

 ## 围巾与皮带类

⊃ **围巾类**

依照厚薄来区分，把围巾、丝巾收纳到衣柜上方的开放空间堆栈收纳，若空间不足则用收纳盒集中直立收纳，再放置到周边的收纳柜中；若是收纳柜深度很深，可以直接卷成圆筒状堆栈收纳。

⊃ **皮带类**

可利用有分隔的收纳篮集中，放置于衣橱里（吊挂衣物的下方空间），或是直接利用皮带衣架进行收纳。

> **NOTE！**
> 整理时将冬季的厚围巾、春夏的丝巾区分好，利用收纳篮集中，这样换季时便可以直接替换使用。

利用收纳篮将物品集中放置好。

袜子类

大部分人在折袜子时会卷成马铃薯状，这样很容易让袜口松脱。

大部分人在折袜子时会卷成马铃薯状，但这种收纳法卷久了会让袜口变松，这样穿不了多久我们又要买新的袜子，容易造成不必要的浪费！正确的折法可以让袜子一目了然，也让我们掌握所有的袜子数量，一眼就可以找到自己要穿的，也不会翻得乱七八糟，花时间寻找袜子。

按照下文介绍的收纳法，袜口不容易变松，也延长了袜子的寿命！

● 短袜收纳

重叠后，对折直立放入收纳盒即可。

袜子数量不多时，可以买分格盒来收纳。

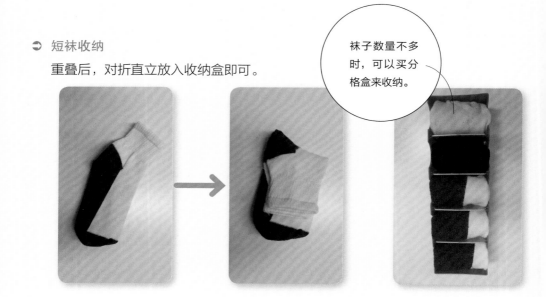

⊃ 长袜收纳

　2 只袜子重叠，对折 2 次后直立收纳。

长袜可采用图中的直立式收纳法，上方则放置折好的短袜。

依照颜色和款式来分类收纳，看起来会更整齐！

帽子类

帽子的材质不一，有的硬挺、有的柔软、有的还不能折，因此建议依帽子的材质细分收纳。例如：毛帽可以折叠放好；草帽、棒球帽平放或挂着；遮阳帽也是直接放置；绅士帽等硬挺材质的帽子可放在硬盒里。

常用的帽子当然是挂在易拿取的地方，而有些材质的帽子怕变形，就要单独放入专用的帽盒等，必须有专属的空间收纳。

卡车帽、潮帽，可以利用挂勾来收纳。

常戴的帽子可以挂在方便拿取的位置，不常用的则可以收纳在柜子内或是叠放在层板上。

硬挺的帽子也可以叠放，下方放较平的帽子，可以往上摞。

N O T E !

深度太深的衣柜不适合收纳帽子，因为看不到里面放了什么。

贝雷帽、画家帽、渔夫帽等柔软材质的帽子，可以用叠放的方式收纳。

手套类

　　建议将手套按照功能用途分类收纳，分类时我们已经区分好，如御寒手套、植栽手套、棉手套、机车用手套、塑胶手套等，而御寒手套只有在冬天才会使用到，因此可以先收纳在衣柜或是抽屉内；机车防晒手套则放在机车内，定时换洗；植栽手套在整理盆栽时才会用到，也可以和植栽用具放在一起。

常用的手套也可以利用 S 勾环 + 夹子来吊挂。

在摆放手套时，可以用直立式折法进行收纳。

领带类

　　领带是穿着正式西装时的必备物品，在收纳时要特别注意，若是全部挂在一起，容易造成勾线头或是材质损伤，建议用专用领带架让每条领带都拥有自己的空间，这样使用时也更一目了然。

若是用一般衣架挂领带，容易不平衡而往其中一边滑落。

● 收纳法 1：专用领带架
　　超市卖的领带专用衣架，可随着抽取而敞开，让领带有专属的空间吊挂。一支专用领带架有 16 个夹子，可吊挂 16 条领带。

● 收纳法 2：鞋盒或纸盒
　　利用鞋盒或纸盒，将领带卷好放入，直立收纳。

● 收纳法 3：抽屉
　　卷好后放入抽屉里收纳也可以，建议采用 10cm 高的抽屉收纳。

眼镜类

　　有时候不只有一副眼镜，放在眼镜盒里虽可以得到保护，但是有时会将其遗落在某个角落，建议给眼镜留出专属的放置空间，这样才能好好保护它们。

⊃ **收纳法 1：网架和专用挂勾**
　　小商店便可以买到，将所有眼镜——挂上，既整齐又一目了然，视当天穿着来搭配眼镜更方便。

⊃ **收纳法 2：浅纸盒或塑胶收纳盒**
　　将眼镜收纳至纸盒，一副副排放，像是眼镜店般地展示好，便能一目了然。

如果没有专用挂勾，也可以直接将眼镜挂在衣架上整齐排放。

饰品类

　　饰品放置在饰品盒里是最理想状态，摆在漂亮的容器上面也很赏心悦目，依项链、戒指、发饰有不同的收纳方式。

➲ **项炼收纳：**
若是将项链一条一条全部放在盒子中，总会缠在一起，为了避免这种情形发生，建议用透明的夹链袋分别装起来再收纳至盒子里，打开盒子便可以一目了然。

➲ **戒指耳环收纳：**
建议用收纳戒指的珠宝盒将戒指夹住，直立式的摆放方式看起来最清楚，或是放在盘子上展示出来也很赏心悦目。

 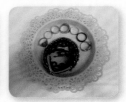

➲ **发饰收纳：**
发圈、发带、发夹、发箍时等，种类繁多，不只是束起头发夹头发，除了美观还可造型，数量少时很好处理，拿个盒子收纳或挂起来摆放就可以了。但是当数量很多，像开店规模时该怎么办呢？建议按用途及特性分好类，例如发圈类、发夹类；婚礼适用、上班上课适用等，用夹链袋或透明盒收纳好，要使用时就能马上找到需要的物品。

配件类折法大公开

一般丝袜折法

STEP 1
将丝袜摊平放好。

STEP 2
将丝袜对齐折好。

STEP 3
折好的丝袜再对折成一半。

STEP 4
由左至右卷即可。

FINISH!

船型丝袜折法

FINISH!

STEP *1*
将丝袜摊平放好。

STEP *2*
将一只丝袜套入另一只丝
袜中,当要使用时很方便
就能拿到一双,不用再花
时间找另一只。

 围巾折法

FINISH!

STEP *1*
将围巾摊平。

STEP *2*
摊平后再对折成
一半。

STEP *3*
由上往下卷
即完成。

化妆保养品收纳

　　大部分人家里都有许多化妆品、保养品，要想将这些大小不一的瓶罐收纳整齐实在有难度。在我们服务的案例中，许多人的收纳方式就是在化妆台上摆放这些瓶瓶罐罐，但这样不仅让化妆空间变小，也让房间看起来更杂乱不堪！

STEP *1*——分类

　　以化妆品、保养品来说，质地可细分成膏状、乳状、液状、粉状，此外还有其相关工具，更需要分门别类地区分收纳。分类时可同时检视自己拥有的数量，才不会一再购买、囤积，造成浪费。

化妆品分类清单

品项	内容	
头发类	发油、发表染色剂、整发液、发蜡、发膏、养发液、发胶、发霜、染发剂、烫发用剂等	
眼部类	眉笔、眼线笔、睫毛膏、眼影膏、假睫毛、双眼皮贴等	
脸部类	粉底霜、粉底液、粉饼、蜜粉、遮瑕膏、腮红等	
唇部类	口红、唇蜜、唇膏、唇部修护膏、唇线笔等	
手部类	指甲油、指甲油卸除液、护甲油等	
香水类	香水、香膏、花露水、香粉、爽身粉、体香膏、腋臭防止剂、止汗爽身喷雾等	
卸妆用品	卸妆油、卸妆霜、卸妆乳等	

保养品分类清单

品项	内容
头发类	洗发水、润丝精、护发霜、定型液、造型液、造型慕斯、发胶等
脸部类	洗面乳、化妆水、保湿调理水、日霜、晚霜、面膜、眼膜、唇膜等
手部类	护手霜、指缘油（指甲用）等
身体类	沐浴乳、沐浴盐、沐浴胶、磨砂膏、瘦身霜、滋润乳液、芳香精油、去角质凝胶等

收纳的第 1 步就是先将物品分类。

你也是像这样，将化妆品随意堆放在梳妆台上吗？

服装配件收纳

STEP2——抉择

过期的化妆品、保养品成分会变质，若一味地使用将会造成接触性皮炎，出现发痒、红肿等症状，因此一定要定期检视，过期即要淘汰。

除此之外，很多女性当了妈妈之后，化妆机会也日益减少，建议趁着收纳整理的好时机，把没用的化妆品淘汰掉，**只留下会使用的基本数量，每种类别建议至多不超过5件。**

哪些物品是需要抉择、淘汰的？此步骤必须切实执行，才有利于后续收纳定位。

STEP3——定位

定位时建议先考量自己的化妆习惯（频繁与否）、化妆地点，如果有梳妆台就以此为据点，当作化妆品的"家"；若无梳妆台，就以化妆使用的镜子为据点，集中放置在其周边的桌面、抽屉、收纳柜等。

另外，依照不同的化妆品、保养品，还要区分其功能性，例如化妆品、卸妆用品、保养品、化妆小物等，然后利用现有的抽屉柜或收纳盒来集中收纳，再用小盒子或分隔板区分类型，尽可能采取直立收纳方式，更加一目了然。

收纳法 1：桌面收纳 & 抽屉收纳

　　将化妆品、保养品摆放在桌面空间时，要集中分类、整齐划一地放好，放在抽屉里也要遵循这个原则。

利用收纳盒集中收纳

利用抽屉内分隔收纳

将物品集中分类放好，看起来更一目了然。

收纳法 2：抽屉柜 & 分隔板收纳

服装配件收纳

将化妆品集中收纳到柜子里，再依特性分隔层一一放好，放到抽屉里也可适时用分隔板来收纳，让物品属性更清楚明了。

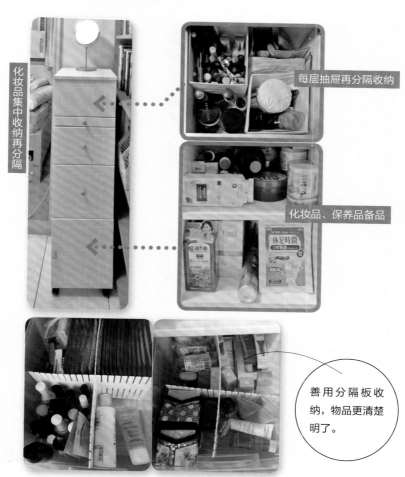

化妆品集中收纳再分隔

每层抽屉再分隔收纳

化妆品、保养品备品

善用分隔板收纳，物品更清楚明了。

Column 09

无心的浪费

　　每次在协助大家进行居家收纳时，最常听到对方带着欢欣鼓舞的口气说："找到了"可惜，随之而来的下一句，也经常是："过期了""坏掉了""不能用了"……

　　没有人会刻意浪费物资，不珍惜买来的物品、食材，然而因为忙碌，我们常常在工作与生活的拉扯中，渐渐偏离我们辛勤努力所追求的美好生活。

这些东西，已经把你家淹没了吗?

⮕ 好不容易等到周年庆才一次买足的昂贵保养品。

⮕ 同事出去旅游带回来的新奇零食。

⮕ 舍不得穿的名牌鞋子。

⮕ 总想着放几年再喝的洋酒、茗茶。

⮕ 亲戚送的各种尺寸的孩童衣物、尿布、玩具。

　　放假时因为杂乱而根本不想待在家里、每次找东西时却找不到，其实这些麻烦甚至浪费都可以凭借良好的收纳习惯而大幅度改善!

PART03

收纳进阶篇！
空间整理技巧全曝光

房间
ROOM

衣物的处理几乎占了我们收纳案例一半以上，我们最常遇到的情形就是：衣服种类多元却没有照类型收纳，导致心仪的衣服时常找不到；过多的贴身衣物备品埋在柜子深处，以为不见了又继续添购，这样的情形时常发生在每个人家中。

房间的收纳空间中衣服的数量最多！一般人的衣柜或更衣室的大小都早已超过了负载容量，我们希望大家知道，**有效的收纳是必须保留 3 成的空间，因此要学习与自己沟通，留下真正需要的衣物。**

NOTE！

Step1 分类、Step2 抉择，几乎会占整个收纳流程中 70% 的时间，因此在做分类的动作时，建议以午餐时间作为区隔，不仅可以稍微休息，更能缓解分类时的枯燥感。另外，若在别的空间区域，发现有同类的商品时，请记得必须将此类物品集中在一起。

多数人家中的衣柜打开都是这样的，长长短短的衣物挂在一起，下方塞满了日常备品。

你家也有这么多"衣服山"吗？

STEP *1*——分类

依据 3 步收纳术的原则，首先我们要将房间里所有的衣服及衣物配件全部摊出来。衣服的种类繁多，通常会把分类的衣服放满床上与地上，建议可以事先铺上干净的大垃圾袋或地垫，再把衣物放在上面，以保持干净。

 ## 衣物分类与收纳法

除了依照男主人、女主人、小孩、长辈等区分收纳空间外，还必须按照衣服种类来分类（可参照 PART2 的衣物收纳篇，分为上衣、下着、外套、贴身衣物等）。

房间

- ➲ 上衣：利用直立式卷折法收纳，可以节省空间又不易皱。
- ➲ 外套：以相同的衣架吊挂收藏，要把拉链或扣子扣上，以免交缠在一起。
- ➲ 下着／洋装：裙子、裤子可以不同材质，选择吊挂或是折叠平放。
- ➲ 衣物配件：收纳在抽屉里以分隔板区分，若无足够的抽屉，可使用收纳篮集中再规划定位。

用直立式收纳法收纳衣服，看起来整齐又一目了然。

要善于利用抽屉式的收纳用品来收纳衣物，不论采取卷折式或是直立式的收纳折叠法，将衣物放到抽屉里就会显得房间井然有序、干净整齐，最好选择透明（雾面）的款式，这样更加一目了然。

选择抽屉式收纳篮时，可以挑选 DIY 组合式的，能让房间呈现不同的变化。

用雾面或半透明的收纳篮收纳衣物时，更加一目了然!

包包分类与收纳

除了衣服之外，还有令人头痛的就是大小不一的包了，款式、材质及使用率等都是必须考量的，而不同种类的包包也有不同的收纳方式。

⊃ **皮包**：一般来说，皮质的包，不管是人工或真皮都有发霉的隐患，建议在衣柜中的一角使用 S 形挂勾收纳。

⊃ **布包**：因为材质柔软，可以凹或是折小，因此多半使用整理箱平放在一起。

房间

以吊挂的方式收纳包包，不仅可防止发霉，同时一目了然、方便取用。

STEP *2* ——抉择

　　抉择衣物前请先花几分钟与自己沟通，只留下真正喜欢的衣物，而至于"以后会穿、瘦了可以穿、好几年没穿、根本不想穿的衣物……"就可以考虑趁机送人或是回收了。**有效的收纳，就是要配合自己真正的需求。**

　　抉择需要循序渐进，所以必须从衣物状况较差的开始淘汰，例如泛黄、污渍、领口松掉的衣服。在此必须强调，倘若不愿意丢弃的衣物或丢掉的数量非常少，那么收纳的效果就不会很好，与想象中的有落差。当这一步做得顺畅了，就能直接上架并减少取舍时间，提高效率。

抉择衣物前请先花几分钟与自己沟通，只留下真正喜欢的衣物吧！

STEP 3 ——定位

必须先折好衣物再将其定位，而在 PART2 中我们已列出每种衣服的基本折法，折好衣服要定位时，还必须遵循以下 3 个重点。

> - POINT1: **衣物种类：** 将衣物分类完成、折好后，按种类区分好。
> - POINT2: **收纳空间高度：** 观察并测量自己所有的衣柜和收纳柜的高度及空间。
> - POINT3: **个人使用习惯：** 依个人使用频率、喜好放置，由上而下、由前往后排序。

房间

 ## 先折好衣物才能定位

PART2 已经详细介绍了衣物的基本折法，这里我们再次做个衣物折法的重点整理。通常衬衫、外套、西装、洋装都是用吊挂的方式收纳，需要折的衣物有 T 恤、裤子等，以下收纳方法适用于非吊挂类衣物。

⭕ 背心：因为背心材质都比较软，卷起来即可，若家里是用抽屉柜来收纳，则需要卷成与抽屉柜一样的高度。

○ 上衣：上衣类最常见的就是需要收纳在抽屉柜的长短 T 恤与毛衣，利用直立式收纳法来收纳，并在折衣服之前考量抽屉柜的深度和宽度，就能估算收纳的衣物数量。

○ 下装：下装类基本上都要收纳在抽屉柜，几乎所有长裤、短裤、裙子（裙子若过长建议用吊挂的方式）都可以利用直立式收纳法来收纳。在折下装之前，要记得考量抽屉柜的深度和宽度，才能估算收纳的下装的数量。

⊃ 袜子：袜子只要叠起来对折或是卷起来收纳，排成一列即可，倘若家中有像右图一样的格子收纳篮，也可以善加利用。

⊃ 包：收纳包时必须考虑个人习惯，不同于上述的固定收纳方法，大部分可分为以下 3 种。

使用频率	收纳方式
低	放在衣柜最上方，尽量用塑料袋套住收纳
中	经常使用的不同的包可放入衣柜中空出的空间，依照自己的身高，收纳在容易拿取的位置（约在胸前的位置）
高	最常使用的包可以收纳在玄关处，一出门就可以随手拎着走

房间

经常使用的不同的包，可收纳在衣柜容易拿取的位置。

实景收纳图解

家中衣柜的尺寸不相同，以下针对常见的衣柜种类来做收纳教学。

一般衣柜收纳 1

下图为典型的衣柜类型，上半部可吊挂，中间有两格很深的空格，下半部为抽屉收纳。大多数人家中的衣柜都是这种类型，对于我们来说，中间两格的这种设计并不实用，因为格子很深，放在后面的衣服会被前面的衣服遮住，完全看不到，穿的概率自然就不高，甚至会挤在后面变皱变形。所以建议买收纳篮或是用自备的纸盒当成额外的抽屉，要穿的时候可以全部抽出来，如此便能一目了然，空间也不会浪费。

❶ 吊挂的衣物。

❷ 左边的纸盒放袜子，右边放背心等。

❸ 左边的篮子放夏天的薄裤子，右边放夏天的短袖 T 恤。

❹ 上面抽屉放内衣裤，下面的抽屉放冬天的厚衬衣、裤子。

一般衣柜收纳 2

如夫妻共享衣柜，可以红线区分左右，左边为老公衣物，右边为老婆衣物。

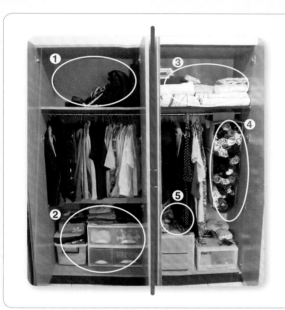

❶ 放置夫妻不常用的包包。

❷ 抽屉柜收纳老公的 T 恤，若没有其余的抽屉柜可以收纳裤子，可将裤子摞在抽屉柜上方。

❸ 收纳家里的床上用品。

❹ 上衣类利用卷折的收纳方法收纳。

❺ 配件类可收纳在此区域。

房间

衣柜上方收纳

建议对衣柜上方的空间加以利用。

通常都是放换季的棉被与床单，或是不常使用的包包或换季衣服。

大型衣柜收纳 1

若是家里的衣柜类似下图中的大型柜，建议按照以下方式来收纳。

❶ 从左至右挂由厚到薄的衣物，并按照种类收纳。

❷ 电视下方是整排衣柜唯一的抽屉柜收纳空间，可以把睡衣与短袖衣裤收纳于此。

大型衣柜收纳 2

这种大衣柜是以吊挂为主，因为没有抽屉无法收纳裤子，建议添购抽屉柜，收纳下装与配件类衣物。

❶ 按照季节与种类分好每一格，箭头从左至右，将衣服由厚到薄来吊挂。

❷ 这里是放置抽屉柜的地方，因为之后会添加柜子，所以先将下装折好，待买好柜子即可直接定位。

❸ 若礼服类、洋装类较多，可以独立设置一格放置。

衣柜里面放抽屉柜

这里主要介绍的是下图中利用抽屉柜收纳裤子的方法。

❶ 在抽屉柜上面放吊带、背心，卷起来利用纸袋收纳即可，需要时直接抽出来。

❷ 衣柜下面的空间可以放置抽屉柜，将裤子利用直立式收纳法进行收纳。

更衣室收纳 1

有的人家里会设计更衣室，吊挂与抽屉柜收纳的空间都很充足，图中为收纳儿童衣服与耗品类的方法。

❶ 吊挂的孩童衣物都是外套类与准备的长大后穿的衣物。

❷ 吊挂衣物的下方有很大的空间，可以在此放入一个收纳盒或是抽屉柜来收纳衣物。

❸ 其余的包屁衣、上衣、下装，都直立式收纳于第一层。

❹ 底下两层可以放毛巾与孩童的手帕、口水巾。

房间

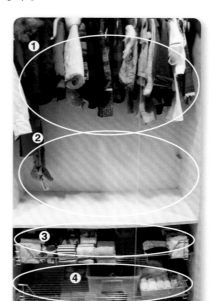

更衣室收纳 2

夫妻共用的更衣室柜，因为柜子大，除了放衣物，也可以放常用的美容美发小物、卫浴备品。

❶ 放置老婆衣物，左边是洋装类，右边是衬衫长袖及外套，按照由薄到厚来放置。

❷ 抽屉第1层可放老婆短裤；第2层放老公短裤；第3层可空着以备未来使用。

❸ 若更衣室内有浴室，此格可放置待洗衣物。

❹ 最上层为帽子类；第2层放平常使用的化妆品与保养品；第3层放外出旅行包，一拎就可以出门。

❺ 第1~2层抽屉柜放吹风机、电卷棒等美发美容用具；第3层为卫浴备品（牙刷、牙膏、洗发水等）。

FIRM&TENDER

Column 10

让我们送你一束鲜花

大家知道《一束鲜花》的故事吗？

一个脏乱、懒惰、蓬头垢面的人得到一束朋友赠予的白色鲜花，先是找出尘封已久的花瓶，发现花瓶太脏，与鲜花不搭，清洗花瓶后摆上桌，随即又擦拭整理脏乱的桌子，环顾四周发现屋内布满蜘蛛网，脏乱不堪，就这样一直打扫，最后连整个人都变得清爽洁净了。

文章最后写道："一束洁白的鲜花，使他整个人和环境都改变了、美化了。这真是他当初所想不到的。"收纳也是一样，我们也一次次陪同客户经历这样戏剧化的改变！

像是破窗理论一般，被丢了垃圾的广场，不久后就会成为一座垃圾山；反之，一鼓作气收纳好的整洁环境，也让人不忍心破坏，自然而然就维持了这样的美好，甚至更进一步追求居家的幸福，由外而内的改变，提升了自己的自信、家人间的亲密感。不论是独身、有伴等各种家庭形式，家终究是我们最后的港湾，天底下没有什么比美好舒适的家更令人安心自在。

凡事开头难，请让我们送你一束白色的鲜花吧！

房间

LIVING ROOM

客厅

客厅是家人共聚的场所，也是招待客人的地方，可以说是家里的中心，但却是大部分人堆积杂物最多的地方，甚至是大家把东西随手乱扔的区域。因此在收纳客厅时，要以全家人的使用习惯、动线为主。

忙碌了一天，回到凌乱不堪的家里，反而造成更复杂的心情。

STEP 1 ——分类

将客厅中的所有物品逐一拿出，依物品类型归类，若在此步骤找到纸袋、纸盒，便可以将相同物品放在一起，使分类更清楚。当所有物品分类完，原本收纳的区域会清空，如此一来才能知道全部物品的数量。我们建议分类时，可在客厅清出一个空间，将椅子、桌子挪开，创造出一个空间进行分类。

分类就是收纳专业的基本功，客厅区域的所有物品必须切实分类，种类分得越清楚，在进行第 3 步定位时的速度就会事半功倍。因为分类是最重要的一个环节，杂物分类越详细，分类时的速度就越快。

电子产品

- 电视类：CD、DVD、宽带调制解调器、电视机机顶盒。
- 计算机类：U 盘、鼠标、键盘、喇叭、读卡器、耳机、扫描仪、复印机。
- 手机类：手机壳、充电器。
- 平板类：平板壳、保护贴。
- 相机类：相机壳、脚架（尺寸问题）、底片、摄影器材。
- 其他类：电池、电线、充电器、计算器、导航、变压器、相关软件光盘、翻译机。

 文具用品

客厅

- 书写类：铅笔、铅笔芯、圆珠笔、尺、橡皮擦。
- 纸制类：笔记本、日历、便利贴、图画纸、贴纸、红包、卡片、书签。
- 绘画类：色铅笔、马克笔、彩色笔、蜡笔。
- 粘贴类：双面胶、胶带、白乳胶、固体胶、胶水。
- 收纳类：档案夹、相册、铅笔盒、书架。
- 事务类: 剪刀、打孔机、夹子、拆信刀、塑封机、钉书钉、订书机、美工刀、卷笔刀、印泥。

先把物品分类好，再把同类的东西摆放在一起。

★红字代表需要另外分类。

纸制用品

- 文件类：会员卡、传单、保单、税单、成绩单、折扣券、集点卡、收据、发票、名片、卡片信件、保证书。
- 书籍类：杂志、书本、期刊、月刊、目录。
- 其他类：纸箱、纸盒、纸袋。

食物品项

- 干粮类：饼干、零食、果干。
- 饮料类：茶包、冲泡粉类食物、罐装饮料。
- 保健类：胶囊类、粉类、液体类。
- 餐具类：碗、筷子、吸管、免洗餐具。

生活用品

- 外用类：蚊子药、薄荷棒、软膏。
- 内服类：止痛药、喉咙药、胃散、感冒药、润喉药。
- 医疗类：创口贴、透气胶带、绷带、棉棒、棉球、纱布、红药水、冷热敷袋、耳温枪、血压计。
- 口腔类：牙线、口罩、牙签、牙膏、牙刷、漱口水。
- 修甲类：美甲组。
- 耗品类：卫生纸、面纸。

家用工具

- 工具类：钳子、锤子、螺丝起子、工具箱、黏合剂、胶带、电动工具、卷尺。

Column 11

请与"降格组"说分手吧

什么是"降格组"呢？就是在对物品进行"断舍离"后犹豫不决，或者又从"不要"的那组再拿回来的东西。

☑ 过时的旧衣服 ➲ 拿来当睡衣穿

☑ 用破的旧毛巾 ➲ 拿来当地垫

☑ 喜饼的盒子 ➲ 拿来摆放杂物

☑ 购物袋、环保袋 ➲ 哪一天要送礼就会用到

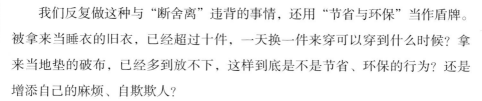

我们反复做这种与"断舍离"违背的事情，还用"节省与环保"当作盾牌。被拿来当睡衣的旧衣，已经超过十件，一天换一件来穿可以穿到什么时候？拿来当地垫的破布，已经多到放不下，这样到底是不是节省、环保的行为？还是增添自己的麻烦、自欺欺人？

原本买来当作外衣的旧衣服，材质和款式一点也不适合睡觉穿，可是因为"舍不得"丢弃，却要"委屈"自己使用，其实根本没有穿的机会。破毛巾当地垫，用脏了可以直接丢掉不用洗，好像很方便，可是没有止滑功能的破布，放在浴室或厨房会发生意想不到的危险，脱落的毛屑还会增添打扫的麻烦。

你值得拥有最好的选择！

收纳不只是扔东西，而且是在有效地整理后，将有限的空间留给最喜欢的物品。已经不堪使用、不符合使用功能的物品，请果断抛弃，因为你值得拥有最好的选择！

客厅

STEP *2* ——抉择

我们建议大家先挑出状况最差的物品，扪心自问真的会用到吗？再循序渐进地挑出有时效性的物品，也可以请家人一起抉择来提高效率。

在抉择的同时反省过去是否过于浪费，买了太多无用的东西，或是重复购买，让我们重新检视自己的购物及生活习惯吧。

STEP *3* ——定位

定位时要依照空间需求来定位物品，重点包括按需求挑选摆放位置、利用收纳篮增加机能、弹性扩充区域、善用隐藏和展示的方式。另外，务必要注意**相同物品请集中收纳**，而电视柜与侧边柜中还可添购分隔收纳盒，把生活物品全部隐藏，包括遥控器、电池等。

除此之外，也可以透过开放式层架，展示设计收藏品、书本、DVD 等，创造视觉美感并展现屋主的生活品味。

物品准备定位时，要掌握的就是一目了然的原则，因此定位前要注意以下 3 个重点。

> • POINT1：**考虑物品的高度和使用年限。**
> • POINT2：**考虑收纳空间的高度。**
> • POINT3：**考虑自己的身高和使用习惯来摆放。**

实景收纳图解

每个人家中客厅摆设的家具柜都不太相同，下面列出常见的几种家具柜收纳方式。

电视柜

电视柜大多可分为 3 个区域来进行收纳。

❶ 电视柜下层，通常会收纳与影音有关的 DVD、CD 或电子产品。

❷ 因收纳空间足够，图中的柜子可收纳生活中会使用的工具类、工具箱。

❸ 展示柜可摆入观赏性物品，例如玩偶、公仔、照片等。

客厅

无电视柜收纳

如家里无电视柜，客厅柜子的收纳可参考如下图。

❶ 此柜每格高度较高，属于不好拿取的位置，故可摆放自己喜欢的摆饰、玩偶、纪念品。

❷ 在电视后面且拿取容易，看到电视就会想到影音相关的光盘类。

❸ 柜子下方打开还有两格，通常都会放小东西，我们打开就可以一目了然。上格摆外用与内服药品，下格摆放工具箱与消耗品。

大柜子收纳

如家里客厅有这种大柜子，可参考下图方式收纳。

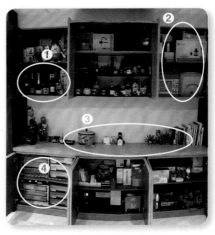

❶ 高处空间的使用频率低，若家里有酒瓶可放置于此，因酒瓶属于高长型，仰头即可看见，从内到外、由高到矮排列，故可一目了然。

❷ 放置较少用到的大型物品。

❸ 可放置使用频率高的手机充电器、图画笔、书籍。

❹ 低处空间可摆放使用频率低的物品，例如消耗品、药品、小物品，因为物品体积较小，低头看所有物品便可一目了然。

客厅书柜收纳

书籍可以依照大小与类型摆放，下图中为家长与儿童的书柜。

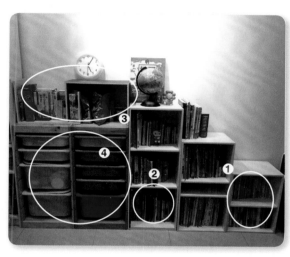

❶ 大人和小孩的书籍分格放好，最右边可放置大人书籍，其他放小孩书籍。

❷ 儿童书籍依照大小及种类收纳好，看起来才会整齐。

❸ 因为高度关系，此区域拿取非常容易，故规划为零食区，拿取方便，零食也不容易摆到过期。

❹ 此区域可以把储物盒放进去，故把儿童玩具、文具都收纳于这些储物盒中，也可以训练儿童收纳的能力。

客厅

这类置物盒也很适合用来收纳儿童玩具。

收纳要一鼓作气

"每天的生活都被'整理'追着跑，忙得不可开交，无论怎么整理就是整理不好，然后拖拖拉拉持续这样的生活十年、二十年。"

——近藤麻理惠

"很多时候我们不用购买，物品（赠品、礼品、商品目录、免洗筷、酱料包……）就会自己送上门来。"

——山下英子

这种场景就像不断淤积的水池，使人动弹不得，可是为什么我们还是不愿意收纳呢？

"毕竟只要放着不管，淤积也会沉淀。"
"一旦到处翻搅，连上方清澈的部分也会变得混浊。"

当我读到这些文字的时候，简直心惊胆颤。收纳似乎是种不断循环的麻烦，让人逃不掉又不想面对。在我们接触了数百个家庭后，更直接印证了书里的说法与结论，并忍不住想道："收纳也是有分流派的啊！"

这样的说法在对收纳专业如此陌生的台湾，或许会被笑夸张。不过你一定看过教人整理的书或是专家，打着"一天一点好轻松"的整理口号，或是贩售收纳产品的商家夸张地写道"你不可或缺的收纳法宝"。说这些话是使我们陷入整理漩涡的陷阱，一点也不为过。

> 正因为人都有害怕改变、逃避麻烦的心理，收纳才需要一鼓作气。

客厅

一口气收纳完房间，那种戏剧化的改变，只要体验过一次，一定会永生难忘。一口气抛弃过去的淤积，自由畅快地徜徉在舒适的家里，只要有过那种经验，就会彻底地认识到"改变可以做到""梦想可以成真"！

【一鼓作气】

厨房 KITCHEN

在进行厨房收纳的时候，首先要观察家中厨房的收纳空间，例如物品摆放的位置、同类型物品集中、物品集中之后的数量有多少，要以动线和使用者安全为第一考量要素，来规划设计定位。

STEP *1* ——分类

照着3步收纳术中分类、抉择、定位的技巧来收纳，首先我们要将厨房杂物分成大项目来集中摆放，总共约可分成调理器具、用餐器具、食物、其他类（厨房杂物、清洁用品、保鲜膜、锡箔纸、厨房电器、抽油烟机与煤气罐）等，再丢掉已经不要或过期的东西，最后将需要的东西定位。

调理器具

- ⇒ 炒锅、平底锅：相同形状的可以堆栈收纳，或是利用档案盒直立收纳。
- ⇒ 锅具：可堆栈收纳，若有盖子可全部集中直立收纳。
- ⇒ 锅铲、汤杓：可收纳于抽屉集中，或是用挂勾吊挂，若有吊杆就利用S钩吊挂。
- ⇒ 调理器具/工具：收纳在抽屉里以分隔板区分，若无足够的抽屉，可再使用收纳篮集中规划定位。
- ⇒ 电子秤：不可直立，上方不可放东西，容易损坏。

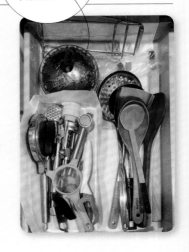

锅铲汤杓可收纳于抽屉中集中放好。

用餐器具

⊃ 碗盘：堆栈收纳时，可用厨房堆栈层架做分隔，一般厨房上方的收纳柜空间高度
较高，这样可以充分利用上方的空间，分隔之后也比全部堆栈方便拿取。此外，
收纳碗盘类的收纳柜下方，建议铺上
止滑垫防滑。

⊃ 筷匙刀叉：全部收纳在抽屉里再分隔
区别，亦可用容器直立收纳。

收纳在抽屉里，再以分隔盒来区别。

厨房

 食物

⊃ 调味料：收纳在炉灶旁边，方便烹煮时调味。若有铁架分隔的抽屉可直接利用，
若没有则可利用收纳篮集中收纳。

⊃ 食材、干货：就近收纳在橱柜里，也可以直接摆放在合适的开放橱柜中，一目
了然。

⊃ 零食：可视情况集中在厨房或是客厅，若空间足够也可以与食材、干货一起集中，
但是一定要区隔开来。

⊃ 酒、茶、咖啡：避免放置于高温处。

⊃ 罐头类：注意开瓶后一定要冷藏。

其他

- 清洁用品：菜瓜布、抹布、清洁剂等用品，可收纳于水槽下方，水槽周边要尽可能净空（方便摆放沥水的餐具）。
- 保鲜膜、锡箔纸：保鲜膜要近烹煮食物，可放在冰箱周围置或是台面上。锡箔纸、烤箱手套要放在烤箱附近。
- 常用的厨房电器：例如电锅、烤箱、微波炉等，通常不会特地变更位置，若原本的位置定位不佳（例如电器分散），则可视情况调整位置。
- 不常用的厨房电器：例如松饼机、搅拌器、插电平底锅，可收纳于橱柜最上方或是最下方。
- 抽油烟机：抽油烟机的滤油网、厨房纸巾的备品，可收纳于抽油烟机上方。
- 煤气罐：若煤气罐安装在炉灶下方或是收纳柜里面，且收纳空间不足、必须利用此空间摆放物品时，可摆放锅具、调味料等，但是要注意更换煤气罐的路线必须保持畅通。

煤气罐附近可摆放调味料。

STEP *2* ——抉择

分类后的第一件事，就是把有可能过期的调味料和干货、粉类等都找出来，逐一检查保存期限，只要是过期品就马上丢掉。除此之外，未过期的也要逐一检查，是否因保存不当而发霉、变坏，因为不常用的调味料或酱料很有可能变质了却还留在厨房里。

另外，有些老旧的厨具或材质不佳的锅具都应该淘汰，例如易产生毒素的铝制品。收纳时可将大型锅具放入柜子前，先收纳锅盖，再依据锅的尺寸由下往上叠放收纳。

厨房

STEP *3* ——定位

若家中有孕妇、长辈、小孩、宠物，可依需求调整物品定位的高度。例如家中有小孩，就要注意刀具摆放的高度，避免小孩轻易拿取；若家中有宠物，就要注意食物收纳的位置，台面上不能摆放太多东西，以免被宠物破坏或偷吃。

善用"联想法"定位物品

在将各类厨房物品定位的时候，可以运用"联想法"，例如将家电摆放在插头位置附近、清洁用品摆在水槽下方，而冰箱的收纳技巧也很重要，下文会详细说明。

厨房物品定位联想法

物品	放置
锅具、铁金属	炉灶下
水杯	水源附近（热水器或是滤水器）
清洁用品	水槽下方
家电	插头位置附近

这里举个例子，家里的饮用水区如何利用"联想法"来收纳呢？其实很简单！

重点就是：将杯子及冲泡材料集中放置。

联想法活用范例：

规划"饮水区" 依照"联想法"，将杯子及冲泡材料与水源集中放置。

让冰箱一目了然的收纳法

　　整个冰箱应保持 20% ～ 30% 的闲置空间，必须保持冷藏空气流通，才能延长食物保鲜与冰箱寿命。除此之外，也可以善用小物来收纳。若是食物用报纸、塑料袋、外包装来包装，建议改用密封盒装，避免食物的气味、肉类的血水汁液交互污染，按照下页"冰箱实景收纳图解"中的收纳法，不仅找东西快速方便（省电节电），而且将食物摆放在明显位置（不怕再忘记用、忘记吃），有多少吃多少，没有位置就不多买。现在就开始改变塞满冰箱的习惯，利用收纳控制欲望和开销，杜绝浪费！

 ## 冰箱收纳定位诀窍

厨房

　　按照 3 步收纳术，将冰箱进行分类→抉择（丢掉过期品、酱料包等），就可以开始进行定位了。第 1 步将所有食品依用途分好类，例如即期食品（微波食品，已经处理好的食材、加热后即可食用）、剩菜区、生肉区、蔬菜水果区、零食区、干货区、药品区等。

1. **冰箱门：** 由上至下，放置干货药品→开过的零食→鸡蛋→小罐酱料→大瓶酱料、酒类、饮料。摆放时要特别注意重量的平均分配，若是酱料瓶罐数量太多，就要移到冷藏区下层。

2. **冷藏区：** 由上至下，放置熟食→牛猪类→鸡肉类→海产类→蔬菜水果类。冰箱的空气流通方式是由上至下再循环回去，所以熟食放在最上层，可确保食物的新鲜以及实时食用的安全。最下层抽屉放蔬菜水果类，可保持水分及新鲜度，叶菜类需要以纸袋包裹，根茎类则用收纳盒以直立式摆放收纳。

3. **冷冻区：** 摆放冷冻物品时要记得不要挡到出风口，以维持整个冰箱的通风。因为冷冻食品的期限较久，容易被忽略而过期，因此更需特别注意。建议用收纳盒排好每袋食品，或利用书挡、平底保鲜袋放置，再贴上标签，写上物品名称与日期，并将有效期限近的食品摆在前面，快到期的食品尽快食用。

135

实景收纳图解

厨房的空间可以独立划分成不同区域，下面按照不同区域来介绍收纳方法。

冰箱收纳

❶ 按收纳原则分层摆放，因为冰箱越往上越冷，需要低温保存的熟食、高级巧克力等放最上层。

❷ 拆掉一层隔板，用小型收纳篮分类半熟食、调理包等，将物品立着放最清楚。

❸❹ 可以直接食用的面包、奶制品要独立存放。

❺ 不用放冰箱也没关系的干货（辣椒干、干香菇等），可放在最下层。

❻ 冰箱门边可集中收纳各种罐头、饮料、酱料、牛奶、鸡蛋、开过封的零食。

N O T E !

蔬果类：可用报纸等包裹，放在最下层的抽屉里（避免冻伤）。

冰箱门旁：放鸡蛋时尖端应该朝下，才能保持新鲜。

料理台下方收纳

依照联想法,水槽下方可以收纳清洁用品。

厨房

置物柜收纳 1

将物品分类后,集中放置在柜子里,此为碗盘区。

置物柜收纳 2

衡量柜子的空间来摆放厨具家电(放置在插头附近),其他辛香料等瓶瓶罐罐可用收纳篮集中放置。

置物柜收纳 3

食物依照零食、饮料等类型来分隔，分开收纳、避免种类混杂，降低放到过期的概率。

Tips: 善用小物来收纳厨房用品

- **收纳篮：**测量好收纳橱柜的长和宽，购买大小合适的收纳篮，便于集中收纳。
- **抽屉分隔板：**方便收纳筷匙刀叉或是厨房用品。
- **吊杆、S 钩：**吊挂收纳时可直接使用。
- **档案盒、锅盖架：**锅具、锅盖可直立收纳。
- **收纳架：**碗盘堆栈收纳时，可用厨房收纳架做分隔。
- **止滑垫：**收纳碗盘时垫底止滑。

儿童玩具室

KIDS ROOM

有些父母会提供给孩子一个独立的游戏空间，建议这个空间以开放性隔间为佳，材质运用以安全为主。儿童玩具室的收纳，要尽可能以开放式规划，方便拿与收，而在家具的选择上建议以无锐角、布质元素为主。

虽然看起来不是太杂乱，但是东西没分类就随便放置，用到时就很容易找不到。

家里的儿童玩具室也像这样凌乱吗?

儿童玩具室

STEP 1 ——分类

首先我们要将玩具分成室内用品、户外用品等大项，并且将同类型的集中摆放，大型的户外用品可以收纳在门口收纳柜、阳台、游戏室、储藏室等。分类的同时，可以询问孩子想如何规划这个空间，借此让他们有参与感，也可多加利用玩具盒、收纳篮或收纳车来储藏。

室内用品

- 玩具车：各类型车子，有大有小，全部集中放好。
- 射击类：BB枪与子弹、弓箭与箭，一起收纳不分散。
- 乐器：大型乐器的位置不动（如钢琴），而小型的乌克丽丽、口琴、吉他等可以集中收纳。
- 童书：若没有独立书柜，可集中收纳到书柜里，成为一个儿童专区。
- 教具：书籍等特殊教具，可集中收纳到儿童书柜专区，或是收纳在书柜、儿童书桌周边。
- 绘画用具：画笔集中到一个收纳柜专区放置，或是收纳在儿童桌的桌面周边。大张画纸可以卷起来收纳，小张画纸则与彩色笔等画笔一起收纳即可。
- 拼图、拼字卡：通常为一盒一组，集中收纳在书柜或是收纳柜中。
- 乐高：一组乐高通常有专属的盒子，若没有则可以视数量，收纳到合适的盒子里；数量少的，则可以收纳到塑胶盒或是夹链袋里。

收纳的第一步就是把所有物品拿出来，按项目类别逐一分类清楚。

- 贴纸：姓名贴纸、卡通贴纸等所有贴纸集中在透明 L 型资料夹中，与贴纸本一起收纳到书柜或是收纳柜。
- 玩偶卡通：玩偶公仔、玩具、贴纸等，可以集中收纳到收纳柜。
- 过家家：儿童厨具组因为体积较大，定位之后就不再移动。
- 黏土、动力沙：黏土、动力沙与塑型工具一起收纳。
- 零散的小玩具：视数量收纳到合适的收纳篮或是盒子里。
- 布偶、洋娃娃：收纳在床的周边，找一个柜子或是台面，由里到外、由大到小排列。旧的玩偶容易脏且有细菌，建议清洗干净，留下孩子最喜欢的 2～3 个即可。

- 大型玩具：跷跷板、木马等，放在储藏室或游戏室都可以。
- 游戏地垫：通常铺在游戏室或客厅。若是铺在客厅，不使用时要收纳起来。
- 电动玩具：手持式的电动玩具集中收纳，分类在玩具的电器类；电视、计算机类的电动玩具则集中收纳在电视、计算机的周边。

儿童玩具室

户外用品

- 自行车：可放置在门口收纳柜旁、阳台、游戏室、储藏室等。
- 滑板车：可以用大箱子集中，直立收纳。
- 滑板 / 蛇板：可以用大箱子集中，直立收纳。
- 风筝：收纳到柜子上方的空间，或是直立收纳。
- 遥控直升机 / 汽车：可以展示在收纳柜最上方，或是收纳柜集中摆放。
- 球类：足球、篮球、弹簧球等，以收纳篮或渔网袋集中收纳。羽毛球、乒乓球等可以与相关的球拍工具一起收纳，集中到门口收纳柜、游戏室、储藏室等。

STEP *2* ——抉择

　　分门别类之后，父母可以先淘汰一些较旧、有危险性、目前不继续玩、想送人的玩具。掌握具体的数量之后，再依照类型，集中收纳到合适大小的收纳篮及相应的区域。

　　若父母要让小孩决定，可以建立抉择的方式，例如同样类型的球有 10 个，抉择出最心动、最喜欢的 2 ~ 3 个即可。

如果物品没有分类，之后要使用时就常常会找不到。

分好类后就知道同类物品的数量，抉择起来也较容易。

STEP **3** ——定位

　　建议购买形状大小相同、图案不同的收纳篮，然后将小孩子的玩具分类为玩具车的家、玩偶的家等，教导小孩收纳玩具的方式。当全部收纳定位之后，让小孩一次拿一种类型的玩具，玩完之后再教导小孩先收纳好，之后再拿下一种类型的玩具，这样便能让小孩从小开始学习收纳！

　　准备物品定位时，要掌握的就是一目了然的原则，因此定位前要注意以下 3 个重点。

将物品分类后，给各个种类的玩具一个家，以后找寻物品就方便多了。

儿童玩具室

- **POINT1：** 规划整体空间，定位大方向：例如，将书籍、教具按照类型分门别类，由高到低排列整齐。
- **POINT2：** 从大玩具开始定位：先定位大型、不规则的玩具，之后再把同类型玩具收到收纳篮，再放进收纳柜，便能轻松解决玩具收纳的困扰！
- **POINT3：** 依重量由下而上摆放：
  - 上 收纳较轻、不规则形状、摆饰品，例如玩偶、风筝、玩具枪、遥控直升机／汽车等。
  - 中 创作类或文具类，例如绘画用具、画纸、贴纸本、黏土、动力沙、拼图、拼字卡等。
  - 下 摆放数量较多、重量较重的玩具组，例如乐高组、车、球等。

实景收纳图解

玩具室摆设的家具柜通常有书柜及收纳柜。

玩具收纳柜

每个柜子放置不同种类的玩具,可自行定位为玩具车的家、益智游戏区等。

❶ 依玩具属性分类后,各放置在一个柜子里,将其定位为专放此类玩具的空间,例如益智类、汽车类等。

❷ 将零散的小玩具放到收纳篮里。

书籍收纳柜

某些家庭中大人与儿童共享书柜,若是收纳童书,可衡量孩子身高,尽量放在他们能拿取到的位置。

❶ 最上层因拿取不易,可放置摆饰用作装饰。

❷ 书籍按种类和尺寸来排列,一目了然,更好拿取。

Column 13

礼物的意义

除了将东西分类及上架之外，我们还会协助客人抉择，决定留下或淘汰的物品。在经过说明与练习之后，进展都会相当顺利，直到……"可是这是之前抽奖抽到的。""这是我阿姨送我的。""这是上次旅行带回来的纪念品。"

大家端出类似的理由，想把已经不需要也不心动的物品留下，不如让我们换个角度想想送礼人的心情吧！

礼物来到我们的身边，带着送礼人满满的祝福与心意。送礼的时候一定是希望收礼的人开心、感受到被祝福。然而，当这些不被使用也不被喜欢的礼物被囤积在家里，占据我们的生活空间，我们怎么会开心？怎么会感受到祝福呢？这时，应该伴随着礼物而存在的幸福意义荡然无存。当初送礼的人，无论如何也不希望这种情况发生。

同样地，抽奖得来的礼物、旅游带回来的纪念品也是，应该要满载着当初的喜悦与记忆，如果这些喜悦随着时间和生活型态的改变已经不复存在，那么再多的眷恋和不舍，也只是徒增自己的困扰罢了。

想要保留过去开心的感觉，却反而限制了现在及未来的幸福，这绝对不是礼物的意义！

儿童玩具室

卫生间

BATHROOM

浴室的空间通常比较容易潮湿，所以不耐湿气和水蒸气的物品尽量不要摆放在浴室里，例如吹风机、洗衣机等。

掌握 3 步收纳术，就能打造干净整洁的浴厕。

STEP *1* ——分类

我们可以参照饭店式的管理，将卫生间的空间干湿分离，这样便能让整体看起来整齐干净。

物品种类

- ⊃ 沐浴类：沐浴乳、肥皂、洗发乳、洗发水、牙膏、牙刷、漱口杯。
- ⊃ 布巾类：浴巾、擦手巾、毛巾、沐浴球、浴帽。
- ⊃ 用品类：卫生纸、卫生棉、棉花棒、牙线。
- ⊃ 清洁类：马桶刷、菜瓜布、手套、清洁剂。
- ⊃ 备品类：卫生纸等可以集中收纳在层架、收纳柜。

STEP 2 ——抉择

回想一下自己的卫生间，是不是常有发霉、过期或是用到一半的瓶瓶罐罐呢？请慎选后并勇敢地丢弃，以免误用后对皮肤造成不良影响！

STEP 3 ——定位

浴室的摆放建议以"物品不落地、沐浴用品不落地，使用收纳篮集中"为原则，倘若有男女老少不同使用者，可用收纳篮分别集中。除此之外，所有的置物架，可以选用白色塑料、不锈钢的材质，让环境看起来干净明亮。至于每天使用的浴巾、毛巾，则可以直接拿到阳台晒干。

卫生间

- POINT1： **物品不落地。**
- POINT2： **沐浴用品不落地。**
- POINT3： **使用收纳篮集中放置。**

台面上要尽量保持干净整洁。

善用联想法摆放物品

在将各类浴厕物品定位的时候，可以运用联想法，例如用收纳篮集中收纳沐浴用品，摆放至淋浴区周围。

卫生间物品定位联想法

物品	放置
肥皂架、肥皂	洗手台水龙头周围
牙膏、牙刷、漱口杯	平面的层架和台面上
擦手巾	周围墙面以挂钩吊挂
洗面乳、卸妆清洁用品	镜柜或是层架上
清洁类用品	洗脸盆柜
卫生纸架、卫生纸、卫生棉	马桶周边
沐浴用品	用收纳篮集中，摆放至淋浴区周围
洗衣篮	浴室门口
浴巾备品	浴室门口的收纳柜
毛巾架	墙面

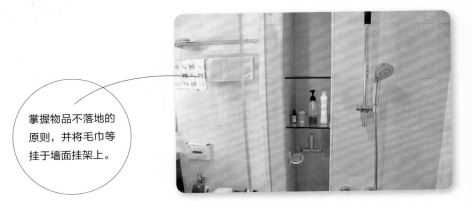

掌握物品不落地的原则，并将毛巾等挂于墙面挂架上。

实景收纳图解

卫生间的空间可以独立划分成不同区域，下面按照区域来介绍收纳方法。

洗手台区

洗手台上可购买大小合适的收纳篮，便于将物品集中收纳。

花洒

沐浴用品以不落地为原则，若旁边有置物架，即可放置沐浴用品；若无置物架则可购买吊挂篮，放沐浴瓶罐，集中不落地。

卫生间

Tips: 实用的卫生间收纳小物！

- **收纳篮**：测量好洗手台柜子的长和宽，购买大小合适的收纳篮，便于将物品集中收纳。
- **吊挂篮**：可以放沐浴瓶罐，集中不落地。
- **层架、置物架**：放置换洗衣服、浴巾。
- **毛巾架**：尽量摆放在水溅不到的地方，以免发霉。

储藏室
STORAGE ROOM

对于一般人来说，收纳就是将视线可及的所有物品塞入某个空间内，只要"眼不见为净"就好。倘若目前的收纳空间不足，就会循序渐进地朝向更大的收纳空间迈进，直到空间无法负荷为止才会开始整理。

一般来说，收纳的演进分为如下4个阶段：

❶ 利用手边的纸袋、塑料袋，将物品放入，作为一个收纳空间。

❷ 装满小物的零散袋子太多时，就会将装满东西的纸袋、塑料袋塞入抽屉或柜子中。

❸ 发现抽屉、柜子空间不够时，就在某个区域逐渐堆积形成**储藏室**。

❹ 因为储藏室塞满了，只好开始往外延伸，从进门的客厅、茶几、沙发通常都是第一线战场，然后是客厅地板、餐桌，直到**整个家都是储藏室**为止。

对于多数家庭而言，储藏室多半放置日常居家备品、使用次数较少甚至不用却舍不得丢的物品，这些东西**全部放入这个空间就对了**。但不是每个家庭都有一个房间来专门储物，有些家庭也会利用铁层架，摆在家里的一隅存放物品。

层架属于开放式收纳，通常会摆在家里的一隅存放物品。

STEP *1* ——分类

　　相对于客厅杂物处理，储藏室则会放置许多备品类、体积较大的物品。储藏室通常都是只有眼前的物品需要处理，可在第1步分类时，分出工具类、备品类的物品，例如卫生纸、面纸、清洁用品，也可以去其他空间找散落的物品，统一集中放好。

储藏室

NOTE！

红字为建议丢掉的物品。

 ## 家电家居品

- ⊃ 季节性：电蚊拍、捕蚊灯、电暖器、电风扇。
- ⊃ 厨房类：电锅、料理锅、面包机、烤箱、微波炉、榨汁机、电磁炉、炖锅、热水瓶、电水壶。
- ⊃ 生活类：按摩器、台灯、缝纫机、熨斗、空气清新机、除湿机。
- ⊃ 美容类：吹风机、电卷棒、电动牙刷、刮胡刀、美容仪、理发器。
- ⊃ 家具类：麻将桌、椅子、床垫、凉席、矮柜、小茶几。
- ⊃ 家饰类：地垫、地毯、门帘、蚊帐、卷帘、门帘、坐垫、桌布、壁贴、镜子、季节布置品（春节、万圣节）。

 ## 儿童用品

- ⊃ 玩具类：大型玩具（充气城堡、充气球池、跷跷板、电子琴）、教具、学龄前玩具。
- ⊃ 哺育类：水杯、奶瓶、奶嘴、水壶、奶粉盒、奶瓶消毒锅、食物调理器、餐具、餐椅、副食品保鲜盒、奶粉。
- ⊃ 衣物类：尿垫、肚兜、肚围、口水巾、包屁衣。

生活清洁类

- ➲ 生活类：面纸、手帕纸、卫生纸、尿布、湿纸巾。
- ➲ 用品类：拖把、扫把、畚箕、吸尘器、抹布、菜瓜布、刷子、垃圾袋。
- ➲ 剂品类：樟脑丸、除虫用品、除湿剂、洗洁精、小苏打粉、地板清洁剂、浴室清洁剂、浴厕除臭剂、室内除臭剂、水槽清洁剂、肥皂、沐浴乳、洗发乳。

 ## 其他类

- ➲ 工具类：钳子、锤子、螺丝起子、工具箱、黏合剂、胶带、电动工具、卷尺。
- ➲ 备品类：灯泡、电池、3M 挂勾。
- ➲ 纸制品：纸箱、纸袋文件、回忆相关物品。
- ➲ 其他：塑料袋、无纺布环保袋、垃圾袋装的一堆旧衣服。

NOTE！
红字为建议丢掉的物品。

大部分家底的储藏室都是用来放备品类及体积较大的物品，并像这样随意摆放。

STEP 2 ——抉择

堆满杂物的空间，可以先处理能丢弃的物品，例如数不完的塑料袋、无纺布环保袋、纸袋、纸箱等，这样会减小后续收纳工作的压力，也能增加空间，使我们在进行第1步分类的动作时，便可以更加流畅。

需视物品种类来做取舍，通常储藏室中最先需要丢弃的杂物为**大量的塑料袋、纸袋、纸箱、无纺布环保袋**，此类物品占空间且使用频率不高，留一些就好。接着就是针对**有日期的瓶瓶罐罐**（洁身用品、乳液等）进行筛选，挑出过期的物品。

消耗类的生活类备品、清洁用品，就可以不必抉择，倘若某物品数量过多，**就可以知道近期内不需再购买**，确认好数量后上架即可。

储
藏
室

STEP 3 ——定位

通常储藏室的物品较杂、体积较大，建议将大型物品置于后方，才不会挡住其他物品。除此之外，为了使定位后的物品更一目了然，在定位时也要考量3个重点。

> - POINT1：**依物品的高度和使用年限分类放置。**
> - POINT2：**事先依照收纳空间的高度摆放。**
> - POINT3：**依自己的身高和使用习惯来放置。**

FIRM&TENDER

实景收纳图解

　　每个人家中几乎都会有堆放杂物的区域，不论是腾出的空房间、层架还是房间中的空柜子，都可以用来作储藏室。

空房当储藏室

有些人会将家中的空房当作储藏室，把不需要用到的物品放置在这里。

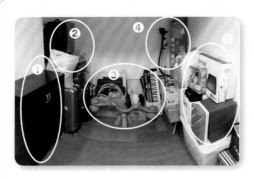

❶ 不使用的鞋柜，可以储放卫生备品与消耗品。

❷ 行李箱、数袋未整理的衣服可堆栈放置好。

❸ 儿童的玩具与婴儿用品可集中放好。

❹ 右后方为儿童大地垫、挂烫机，近期内不会使用，故放在角落才不会挡住其他物品。

❺ 右边为不需要的物品、准备上网拍卖贩售，可先放置堆栈。

倘若家中空间不足，没有储藏室，可以找角落或是不显眼处当储物空间，甚至可利用纸箱当暂时的层架来使用。

层架当储藏室

家里空间不大，也无多余的空房当储藏室时，可利用层架来当储藏架。

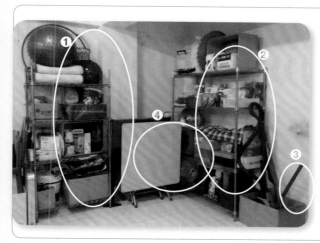

❶ 从上到下为轻的地垫用品、清洁用品、备品、较重的杂物。

❷ 从上到下为卫生备品、清洁用品、电器、较重的杂物。

❸ 最右边可利用纸箱集中扫地用具。

❹ 恰巧利用层架间的空隙摆放中间的桌子，收纳宽度刚刚好。

储藏室

房间空柜子当储藏室

房间里的空柜子也可用来收纳备品、杂物，当小型的储藏室。

图中是利用柜子收纳备品与杂物，倘若收纳空间足够，卫生纸、面纸、尿布等使用频率高的备品，可以放在大人站起约胸口的高度，这类常用物品放置在适合的高度更易取用。

Column 14

与自己的约定

"这个月一定要背完这些单词。"

"这些碗等一下再洗好了。"

"衣服睡前再收吧。"

我们经常对自己许下关于"未来"的约定，然而，却总是拖到最后才愿意去做，或者往往不了了之，这是为什么呢？因为不马上去做并不会怎么样。

➲ 这个月不背完这些单词，不会马上失业。

➲ 等一下再洗再收的碗和衣服，不会立刻损坏。

但是，其实我们也知道，随着时间流逝……

➲ 已经将英文书束之高阁，留学转职的理想终究只是梦想。

➲ 过段时间再洗的碗，要花更多时间和力气才能清除污渍。

➲ 睡前没收的衣服，一天堆一天，最后实在不知道如何开始整理。

我们不知不觉中，破坏了许多与自己的约定。甚至在时间的推移中，渐渐地变成一个没有自信的人，这样写或许令人觉得不可思议，只是因为这么小的事情就会没有自信吗？

是的。所谓"自信"就是对自己的信赖，经常破坏与自己的约定，的确让人无法相信，而自信就是在日复一日的生活之中逐渐流失的！请遵守与自己的约定吧！

PART 04 "

特别企划篇！
收纳实战运用技巧

"

钱包收纳术！
让钱包瘦身成功

爆量的钱包变成我们结账塞车的肇事原因。

出门吃个饭，饱餐一顿后要付钱时，听到老板说"160元"，开始急急忙忙地翻找零钱，却又被无数杂物阻碍，东掉一张发票、西掉一张会员卡，聚焦了老板和后面顾客的视线，原来自己是变成结账塞车的肇事原因……压力好大！有没有办法，不要再因为钱包被视线围剿啦？

爆满的钱包不仅东西难找、碍手碍脚，钱包本身也会因为被硬塞而变形，无意中让爱用的钱包不成型，这时我们就要让钱包瘦身了！

STEP *1*——分类

所有的收纳方式都可以套用3步收纳术，因此，首先我们必须**将钱包内的物品全数拿出，一件不留。重新检视钱包的夹层与规格后，便将拿出来的物品分类**，分类需要仔细且不得马虎，稍有闪失便会随手放入不属于钱包的物品，又功亏一篑。

可以看见分类后有纸钞、硬币、集点贴纸、购物明细、便条纸、发票，甚至还有一些不知用处的小纸条，了解各种类的总数后才发现原来平常我们都太勉强钱包，是时候重新调整对待钱包的方式了！

STEP 2——抉择

多数情况下，钱包爆满的主因就是随手放入不属于钱包里的东西，例如过多的零钱、超出卡片格数的卡片、会员卡、购物明细、便条纸等，其中"大魔王"就是发票!

想要解决爆满的钱包问题，唯一的方法就是通通拿出来! 回到原点一想，**钱包本来的用途就是外出购物的配件，让钱包回到初始用途，规定自己要依照钱包的规格，只放入外出购物的必需品吧**! 例如，昨天拿到的发票、上周末的买菜清单等，这些纸条都不是今天出门需要用到的必需品，对钱包来说已经是过期品了! 过期品当然就要将它取出，将当期发票集中，回收已完成的购物清单或便条纸，让钱包回到属于每一个"今天"的最佳状态，开始为钱包瘦身吧!

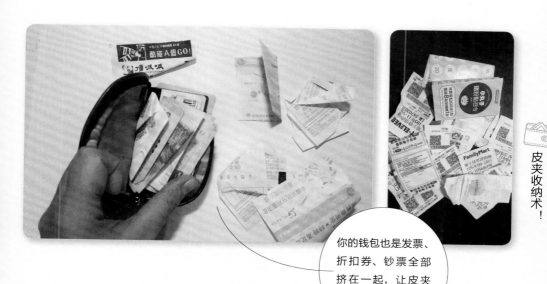

你的钱包也是发票、折扣券、钞票全部挤在一起，让皮夹变形了吗?

皮夹收纳术!

STEP *3*——定位

　　若是钱包里只有纸钞格、5格卡片格、迷你零钱袋，那么就只放入纸钞和5张常用随身卡片，零钱也只放入零钱袋装得下的量。那么剩下的东西怎么办呢？可以准备一个卡片包专门放卡片，并**准备一个发票专属位置**，在拿到后就统一放入这个位置集中管理。

　　若是外出时，手边没有这么多物品可以分装，就要**保持每天回家清空钱包的习惯**，这样不仅可以清点手上的现金数，也能将发票、贴纸等小物品集中，说不定下一期中奖的发票就在这堆纸张之中！

钱包瘦身成功了！看起来更清爽。

NOTE!

钱包清爽了，最后一步也是决定钱包生死的一步，那就是改变习惯、持之以恒。改变随手将物品塞进钱包的习惯，坚守钱包只放规格装得下的必需品、切忌超量，这么一来钱包可以改头换面，下次结账时就能更洒脱了！

Tips: 玄关放置零钱盒，出门携带够用的金额即可！

　　总是顺手把一整天收到的零钱都放进钱包里吗？其实不需要宛如负重训练一样全带出门，只要在玄关放一个小盒子，将今天全身上下的零钱放进去，晚上出门买个饮料或者隔天早上出门买份报纸时，从玄关零钱盒拿够用金额的零钱出门即可。一来减少身上的重量，二来钱包也能释放超量的重量及空间，减轻负担、瘦身成功！

计算机屏幕桌面收纳术！
有效提高工作效率

你是如何收纳你的计算机屏幕桌面的呢？若是将文档随手保存在桌面，乍看之下很轻松，其实这是个看似轻松的陷阱！将文档都暂存到桌面，想要之后再分类，其实已经大大影响到开机速度，因为桌面文件夹属于系统文件夹，一般会命名为 C 盘，而计算机开机时会将系统 C 盘完全读取一遍，包含了桌面的所有文档，全部读取一遍后才进入桌面画面。

所以当桌面文档一多，就默默地增加了开机时间，成为计算机运行负担。除了开机速度变慢、计算机性能被削弱，桌面文档过多且过杂时，视觉上也会受到干扰，各类文档塞满桌面让人眼花缭乱，影响工作心情。

> **NOTE！**
>
> 将计算机屏幕桌面收纳干净，让各类档案好找寻，能有效增加工作效率！

桌面 VS 工作效率测验：你的桌面属于下面哪一种呢？

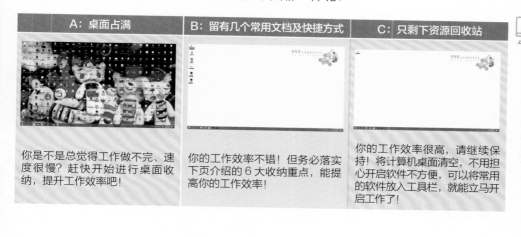

A: 桌面占满	B: 留有几个常用文档及快捷方式	C: 只剩下资源回收站
你是不是总觉得工作做不完、速度很慢？赶快开始进行桌面收纳，提升工作效率吧！	你的工作效率不错！但务必落实下页介绍的 6 大收纳重点，能提高你的工作效率！	你的工作效率很高，请继续保持！将计算机桌面清空，不用担心开启软件不方便，可以将常用的软件放入工具栏，就能立马开启工作了！

計算機屏幕桌面收納術！

6大收纳重点！让桌面不再乱七八糟

Point1：定期清理资源回收站

　　着手整理计算机资料时，会将文档丢到资源回收站，但丢到资源回收站之后呢？如果一直堆着很容易就会出现上百个、上千个、超乎预料数量的文档！文档放在资源回收站内，仍然会占用容量，经常清理可以让计算机运行保持顺畅。**因此，若确定要废弃资源回收站内的文档，就每次都顺手清理吧！**

请定期清理资源回收站内的文档，否则会占用系统资源，让计算机越来越慢。

Point2：每日清空暂存文件夹

　　有时需要快速使用，可以设立一个暂存文件夹，设立暂存文件夹要让自己遵守"每日清空"的原则，若是每天放入10个今日暂存文档，10天下来就会有100个未分类暂存文档，长久下来数量非常惊人。

　　除此之外，当同一位置的文件夹内含文档数越多，打开的速度就会越慢，也代表这个文件夹已经放入超量的文档了。**同一文件夹文档超量，一部分原因是没有落实分类，将模糊分类的各类文档放入同一文件夹中，就好像是把所有衣服折也不折丢进衣柜里一样。**落实文档分类，可以减少打开文件夹的时间，也能更清晰地阅览文件夹里的内容。

Point3：文档命名技巧

　　因为偷懒，建立文件夹后就没有重新命名，使"新建文件夹""新建文件夹
(2)""新建文件夹 (3)"等名称泛滥于计算机各处，找文档时让自己不断迷路，却又
维持着想偷懒的心情开启新文件夹，重复着"今日偷吃步，明日大迷路"的困境吗？
建立文件夹时请确认命名，让"新建文件夹"家族从今天起消失在计算机里吧！

建立文件夹时请确认命名，别让"新建文件夹"家族攻占我们的计算机，而常找不到需要的文档。

文档命名小诀窍

- ⤷ 命名文档时，建议以数字、英文字母及符号作为开头，排序便能更有效率地将同类型归纳在一起。
- ⤷ 英文字母、数字、符号可当作排序用标签，汉字则是阅读用的注解。
- ⤷ 文件名称可加入英文字母 A ～ Z 以及数字 0 ～ 9 当作排序标签。
- ⤷ 使用"单击右键"→"排列图标"→"名称"命令时，又以数字优先于英文字母，排序时可在同分类的文档开头加上 A，排序后会更一目了然。
- ⤷ 标上分类关键字，在使用搜寻功能时能更准确地找到目标文档，辨识文档容易，使用搜寻功能就能更精准地找到目标文档，省去手动查找文档的时间。

计算机屏幕桌面收纳术！

善用符号分隔文字

- Windows 系统中有几种符号不能当成文档名：/、\、*、?、<、>、|，其他的符号都可以用来命名。例如在文档名中加入下划线 "_"、减号 "–"、中括号 "[ ]" 等命名中可使用的符号，就能使文档命名时区分各关键字，文意更为清楚。
- 若有更新版本，可以把日期加注在后，避免覆盖掉文档。
- 若有正在运行中的文档，可加入 "未完成" "已完成" 等关键字区分完整文档，传输文档时不会选错，同时能避免覆盖掉完成文档。
- 当制作过程中的文档较大，完成文档又要精简到最小容量时，可以将文档分为 "制作档" "完成档"，同时可以保留 "制作档" 的制作物件及过程，也能有传输便利的 "完整档" 可使用。

文档命名范例

综合以上几个文档命名技巧，可以尝试命名如下：

- 使用类别 _ 文档 _ 文档内容 _ 文档进度 _ 日期
- 01FB_A 贴文配图 _1121 贴文 _ 制作档 _20161012

Point4：善用文件夹排序与搜寻功能

文件夹显示文档时，可以选择分组方式及排序方式，依照时间、文档类型、文件名称、文档大小，选择惯用的分组方式、排序方式，可以使浏览文件夹更有条理，找资料更不费力。

> 有多种文档类型在同一文件夹中时，建议可使用：
> "分组依据"→"类型"+"排序方式"→"名称"。

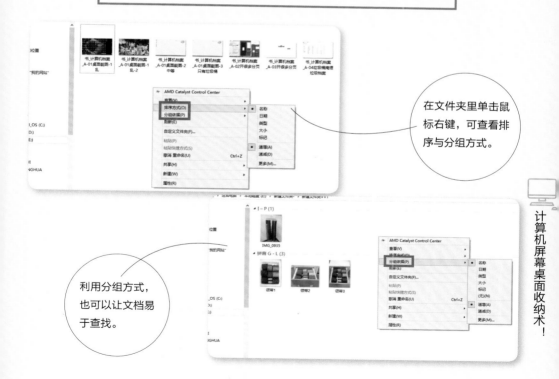

在文件夹里单击鼠标右键，可查看排序与分组方式。

利用分组方式，也可以让文档易于查找。

计算机屏幕桌面收纳术！

若选择排序方式为文件名称，会依照英文字母 A ～ Z 以及数字 0 ～ 9 排序，照名字排序时又以数字优先于英文字母，排序时可在同分类的档案开头加上 A，排序后会更一目了然。英文字母数字可当作排序用标签，汉字则是阅读用的注解。

使用排序后范例

⊃ 01FB_A 贴文配图 _1121 贴文 _ 制作档 _20161012

⊃ 01FB_A 贴文配图 _1121 贴文 _ 完成档 _20161013

⊃ 01FB_A 贴文配图 _1123 贴文 _ 制作档

⊃ 01FB_B 案例对照 BA 图 _014 大安区陈小姐 _ 完成档

⊃ 01FB_B 案例对照 BA 图 _015 信义区许小姐 _ 制作中 _20161003

⊃ 01FB_B 案例对照 BA 图 _016 信义区张先生 _ 制作中 _20161003

⊃ 02 部落格 _A 文章配图 _0913 发文 _ 完成档

要找文档时，若是靠着依稀的记忆翻找文件夹，则与生活中找东西的动作一样，无边无际，看不到尽头。使用搜索功能输入文档名包含的关键字，就能一步找到目标文档，减少手动搜索的时间。

按下"开始"功能键，或是快捷键 CTRL+F，便能快速开启搜寻功能。

Point5：减少闲置程序

在工作时常出现一口气要负责各类型事项的状况，左开一个程序、右开一个程序，不知不觉就打开很多个，闲置的程序也会使用计算机资源，拉低工作效率。让计算机以及自己能够在最高效率下运行的好方法，就是先储存文档关闭程序，专心结束一个任务后再打开下一个程序吧！

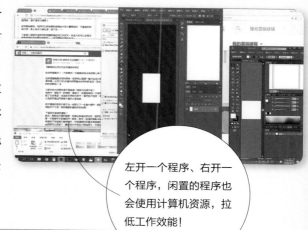

左开一个程序、右开一个程序，闲置的程序也会使用计算机资源，拉低工作效能！

Point6：减少闲置分页

浏览网页时，常常一看到新鲜事就单击查看，觉得这个展览好想去，把标签页留着当笔记待会看；这个教学好仔细，一定要学起来，把标签页开着待会看；想把今天出去玩的照片发送到各个平台，把标签页打开，待会一起发贴。待会、待会、待会……回头一看这些"待会"，累积起来已经把标签页压缩到分不清哪个是哪个了！

这样不仅无法快速辨识标签页内容，而且也严重地降低了计算机处理效率。开始改变方式，当下阅读完信息即作笔记，阅读完后将标签页关闭，一次认真完成一件事情，会比分散心神关注十件事有效许多！

计算机屏幕桌面收纳术！

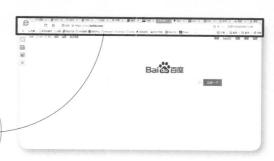

开了太多分页，会严重地降低了计算机处理效率。

Column 15

收纳更胜换发型

　　分手、怀孕、换工作……许多人在面对重大遭遇时，总会通过换发型来改变自己的心情、气势、态度。有些人甚至笑说发型设计师是广大群众的心理治疗师，这句话一点也不为过。

你知道收纳也是改造心灵的疗方吗？

　　剪了短发，希望自己更利落；烫了卷发，好像连穿着都会变得抚媚。然而比起发型，每天一睡醒就会映入眼帘的居家环境，更是在无形中塑造了我们的内在，影响着我们的心情和行为。

　　看戏的时候，我们不难从戏中的场景，用直觉判断一个人的背景和个性：拥有大靠背和双扶手真皮椅的，一定是总裁办公室；低矮平房和简陋的木屋，是乡下的贫穷人家；布置极简、陈列简单的，角色个性肯定利落果断；桌面杂乱，有成堆文件和便利商店兑换来的玩偶的，大概就是刚进入社会的毕业生。

　　"You are what you live."
　　而我要说，住在什么样的环境，也成就了你成为什么样的人。

> 所谓"真正的收纳"，指的是短时间内一鼓作气，将东西全清理出来，分类、断舍、归纳。

　　在一口气经历戏剧化改变的居家环境内，舒心地品一口茶、喝一杯酒、煲一锅汤。只要经历过一次这种"节庆式"的整理，就会知道收纳不会骗人！收纳的改造是恒久稳定的，只要启动收纳机制，这个过程就会不断循环，由外而内，给人带来深层的改变。

　　想象一下，每天一打开家门，迎接你的是舒适自在、整洁清爽的环境，眼睛所及之处都是令你心动的物品，每一个存放在家里的东西都是真正可用的。请张开双臂，迎接焕然一新的生活吧！

收纳更胜换发型

FIRM&TENDER

计算机屏幕桌面收纳术！

旅行用品收纳！
快速准备，好收易拿

现在的人越来越注重生活质量，许多人在工作之余会规划出国旅游或是家庭旅行的度假计划，不过只要一想到出门前要整理行李、回家后要收拾行李，就会让人伤透脑筋吧！

你是不是总是在出门前，才东翻西找地把东西塞到行李箱呢？到了目的地发现这个没带、那个没有……还要在人生地不熟的地方找商店购买？即便是出门游玩，如果没有做好规划，一样可能会败兴而归，而且人在外地，缺少什么还要花时间、花力气去找商店购买，多少也占据了游玩时间。

Tips: 闲置的行李箱也要收纳

- 没出门的时候，行李箱放在家里，是不是很占空间呢？其实行李箱里面的空间，也可以多加运用！例如将小行李箱收纳到大行李箱当中，如此一来便可以减少占据的空间。
- 除此之外，只有在旅行时才会使用的物品，也可以一并收纳在行李箱中，这样下次出门就知道要带什么了！例如行李秤、行李束带、行李吊牌、束口袋、旅行分装瓶、腰包、大小夹链袋（鞋子、电线）、购物袋等。

旅行小物收纳方式

➲ **善用洋葱式穿搭法携带衣物**

先调查好要去的地方最近的天气状况，应因当地的情况和自己所在地区的气候，来准备相应的衣物。当从寒冬的地方到炎夏的地方游玩时，可以用洋葱式的穿搭，例如：厚外套里面穿薄上衣，带着一套冬衣（这样回程也可以穿），到了目的地之后，把厚外套收起来即可。行李箱里准备夏季的衣物，反之亦然。

➲ **别带太多衣物**

衣物的数量建议 2～3 套即可，不用带太多，除非你不打算买新衣服！尽可能地携带可以有多种搭配的衣物，这样可以减少行李的数量，增加衣物穿着的多样性。

➲ **内衣裤收纳**

贴身的衣物可以用束口袋集中，或是依照个人的使用习惯直接放在衣物中。

➲ **保养品收纳**

囤积好久的试用品，这个时候通通拿出来用吧！但是记得要先检查使用期限！如果没有囤积的习惯也没关系，直接用旅行分装瓶分装（亦可利用隐形眼镜盒），依照出门的天数分装要使用的量即可。整瓶的乳液、化妆水、洗面乳等，记得用保鲜膜包裹在瓶身的挤出口，避免液体流出。

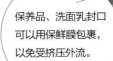

保养品、洗面乳封口可以用保鲜膜包裹，以免受挤压外流。

➲ **化妆品收纳**

化妆品集中在化妆包里，不要分散使用，如果有试用品也可以携带。

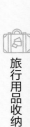

旅行用品收纳！

- 药丸盒收纳

  因药丸盒具有分隔功能，可以收纳小饰
  品、戒指、耳环等，非常好用！

- 沐浴用品不用特意携带

  通常居住的旅馆都会提供沐浴用品，如
  果用不惯外面的，可以自行携带旅行套
  装。但是千万不要将旅馆的沐浴用品带
  回家，这样只会让家中的收纳杀手越来
  越多！

- 刮胡刀收纳

  如果刮胡刀的刀片没有保护盖，很容易
  割伤其他物品，利用长尾夹把刀片的部
  分夹住，可以避免割伤的危险。

- 电子用品收纳

  查看各地区的插头是否通用，可携带转
  换插头，再视个人需要带延长线，但是
  要注意用电安全。相机、手机的电线可
  用小夹链袋分装，并将各种电子产品集
  中收纳好。

以药丸盒装首饰，
可预防遗失或交
缠在一起。

利用长尾夹夹住
刮胡刀的刀片，
避免割伤。

旅行推荐收纳用品

⊃ **腰包**

主要装现金、护照、证件等重要物品，切记不离身、要随身携带。

⊃ **大夹链袋**

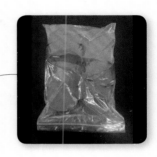

旅行时可以用来收纳鞋子，拖鞋、皮鞋、夹脚拖等放到夹链袋里就不怕弄脏其他物品，可以堆栈在行李箱中。另外，袜子也可以直接收到鞋子里面。

⊃ **洗衣袋**

回家前，要洗的衣物千万不要用塑料袋装，不透气又容易闷臭，而且看不清楚内容物。我们建议用洗衣袋装，透气不闷臭，内容物也看得一清二楚。

⊃ **文件盒**

若需要携带套装等服饰，可直接使用挂衣袋，或是放置在 A4 大小的文件盒里，也有防挤压、防皱的功能。

⊃ **购物袋**

出门游玩免不了购物行程，伴手礼、纪念品等建议使用自备的购物袋来装。让那些不环保的包装、袋子通通退散吧！不要再增加行李的负担了。

旅行用品收纳！

搬家收纳超简单！
快速打包归位法

　　搬家对许多人来说都不陌生，无论是为了迎接新的家庭成员、整个家庭的搬迁、求学搬到学校宿舍，还是因为工作搬到异地等，每次的转变都是新的开始。

　　许多人都有搬家的经验，让我们回想一下，你每次搬家时是这样吗？

❶ 没有规划

搬家最怕的就是没有规划、匆忙救急，许多人因为搬家的日期在即，甚至是前一天才开始准备打包。

❷ 见缝插针

因为没有规划，所以打包时直接拿箱子和袋子塞东西，没有淘汰的物品，见缝插针，有空位就放。到新家拆箱后才发现，很多东西早已经不需要了，却浪费了时间和力气打包、搬运。

❸ 标注不清

箱子外面各种内容标注得满满的，导致看起来没有重点很显杂乱。因为没有标注清楚，所以将客厅的箱子放到了厨房、厨房的箱子放到了卧室，又要再花时间和力气重新搬运定位。

FIRM&TENDER

④ 东找西找

等到最劳累的搬运部分结束之后，才是灾难的开始。上厕所要找卫生纸；洗澡要找毛巾、沐浴乳；想喝东西时要找热水壶或是饮料；吃东西时要找筷子、汤匙……忙了一天，好不容易到了晚上的睡觉时间，却还在找衣服。

即使所有的东西全都在身边的箱子里，但是却找不到，要使用时更不知从哪儿找起，不知不觉就过了一个星期，房间里却还是同样的情景——堆满了大大小小的箱子。为了避免这样的"悲剧"发生，下次搬家前，别忘了先做好事前、事后的准备！那么究竟该如何快速打包归位搬家物品呢？

搬家收纳超简单！

STEP 1 ——分类（搬家前）

搬家时当然也可以运用 3 步收纳术，只要掌握这个方法，就能以更轻松愉悦的方式，迎接新生活!

首先，确认好所有要打包搬运的物品和家具，并且详细分类，可以先依照**区域**和**个人**的物品做区分，类别越清楚越好。

例如：

⮑ **区域：** 客厅、厨房、卧室……

⮑ **个人：** 爸爸、妈妈、兄弟姐妹……

3 步收纳术也适用于搬家打包物品! 第 1 步就是先将各种物品分好类。

STEP 2——抉择（搬家前）

搬家前，尽可能淘汰不喜欢、不再适用的物品，这样不仅能省下搬运的费用和力气，也省下了定位上架的时间与精力。另外，要淘汰的大型家具、电器等物品也可捐赠给更需要的人。

抉择好需要留下的物品后，就要开始进行封箱了，这个步骤非常重要，做得好便可以减少搬家后上架定位整理的烦恼。

 ## 封箱的编号技巧

封箱前，可以列出清单，给箱子编号，标注区域和内容（可视个人习惯用手机或用纸笔列清单），箱子上只要注明 A1、A2……即可，这样可以减少箱子上凌乱的内容标示，换箱时也不用涂改，甚至搬运到新家后，可以直接将箱子搬运到该区域定位。

封箱技巧

- 箱子上的编号标注方式：例如：A 代表客厅、B 代表厨房、C 代表父母主卧。编号清单则可依此类推，例如 A1 电器电线、A2 工具、B1 锅具、B2 餐具……
- 一个箱子的物品以一种类别为主：例如：若是电器电线、锅具装不满一箱，要在同一个箱子内尽可能放置同区域的物品；如电器电线、工具都是客厅区域的用品，即可打包在同一个箱子内。

搬家收纳超简单！

各类物品打包技巧

- 抽屉柜：没有拿出抽屉柜内容物时，可以事先询问搬家公司有没有提供胶膜（又称栈板膜／工业用保鲜膜），把整个抽屉柜包起来再搬运。若是要将抽屉的内容拿出来打包，则要标记每格抽屉的内容物。

- 家具、家电：如新家与旧家的收纳空间或家具不同，建议搬家前先做好规划，搬家后才能把相应的箱子和家具定位。大型或是不规则的家具家电，可以直接标注区域编号再搬运至相应区域，例如：A 搬至客厅、B 搬至厨房……

- 贵重物品：个人的存折、印鉴、金饰、玉镯等，若有疑虑，建议自行保管搬运；若是有保险箱，则可以集中搬运。

抉择后留下的物品就要封箱打包好。

FIRM &TENDER

STEP **3**——定位（搬家后）

搬家前，若能事先完成前面2个步骤，那么区域定位就能事半功倍！定位时，请依照编号的清单来对照箱子的编号，搬运放置到相应的区域，并以现有的收纳空间规划上架定位。建议在搬家前就先考量新家的空间状态，甚至可以在搬家前先画好格局图并标注编号，等到搬家后就能直接依照新家的现状来做调整和定位了，例如A搬至客厅、B搬至厨房……

物品定位的基本准则

> ⤷ 下方：重量较重的物品放置在收纳空间的下方，这样才不会头重脚轻。
>
> ⤷ 最上方或最下方：不常使用的物品可以定位在最上方或是最下方。
>
> ⤷ 中间地带：中间的黄金位置不用爬高、不用蹲，适合收纳最常使用的物品。

分类、抉择的工作做得到位，那在定位上架物品时就能节省很多时间。

搬家收纳超简单！

搬家收纳 Before！

要搬入美丽的新家了，
你舍得让这美丽漂亮的家
再次惨遭收纳杀手的毒害吗？

搬家收纳 After！

掌握 3 步收纳术，

分类 ➲ 抉择 ➲ 定位，

就能快速打包搬家物品，

正确地将物品上架到合适的位置！

你在不知不觉中把家变成了大型储物空间吗?

每个家庭都有的纸袋、鞋盒、塑料袋,竟然是占据空间的收纳杀手?

事实证明,这些被认为"未来用得上"的物品,到最后都会变成垃圾!

掌握3步收纳术,有效打击收纳杀手,彻底打造整洁的幸福空间吧!

BEFORE

AFTER

收纳会传染

　　你相信收纳会传染吗？没有经历过收纳魔力的人，可能难以想象吧！举例来说，有的客户只请我们帮忙收纳一个房间，可能是与公婆同住或其他理由，没办法做整体居家空间的改造与规划。虽然很可惜，但我们还是全力前往，希望为客户带来最大的改变，创造理想幸福的居家生活。

　　就在我们收纳到一半，神奇的事情发生了。家中的其他成员或者途中回来的家人，竟也开始丢弃堆积已久的杂物。最后通过我们的协助，本来不懂为什么做收纳还要请人帮忙的家人，也加入收纳的行列，加速完成了家里的大改造。

　　还发生过一件事，在整理完整个卧室的第二天，太太打电话来跟我们说，结婚 8 年从来没有看过老公折棉被，但是今天早上刷完牙、回房间时，竟然发现棉被已经折好了！

　　更惊人的是，老公折的棉被竟然比自己折的更好？原来因为以前当兵的时候被班长狠狠训练过。老公说看到瘫在床上的棉被和整体画面格格不入，就很想动手把棉被折好，维持整洁。

　　你相信收纳会传染吗？答案是肯定的！

附录
该如何处理抉择
后的物品呢？

　　相信每个人翻到这里，都已经清楚了收纳的基本核心就是 STEP1 分类→ STEP2 抉择→STEP3 定位。不过该如何处理抉择后还可以使用的物品，才不会造成浪费呢？

　　每次在收纳结束离开客户家前，我们总是会看到大包小包各类型断舍离的物品。在面对排山倒海的物品时，除了感谢它们曾经存在于自己的生活中之外，建议还可以献爱心，帮助这些还可以使用的物品寻觅新的主人。

仔细做好分类，才能进行抉择。

乱糟糟的书房让人看着心情也不好，赶快利用 3 步收纳术整理吧！

186

抉择时的心境转变

相信很多人在进行抉择时，常常会认为要舍弃还可以用的物品是一种"浪费"的行为。其实留着无用的东西，占据自己居家的空间和生活，才是真正对不起自己。事实上，囤积而不使用才是真正的浪费！

放手之后，才有空间迎接新事物的到来！

抉择时你也是这样想的吗？

☑ 因为觉得会用到，所以留下了……

☑ 不想浪费，所以东西一直不丢掉……

☑ 赠品不花钱，就通通拿回家……

真正的财富不代表囤积了多少物品，而是心里要能拥有更多的空间。有时候看似拥有很多，其实只是不知道自己真正适合和喜欢的是什么。放手之后，你才有空间迎接新事物的到来！

- **抉择 Point1：断舍离并不是浪费！**
将物品留在身边堆积不使用才是真正的浪费，不要再为自己的囤积找理由了，马上面对吧！
- **抉择 Point2：在给予的同时，才能真正地获得！**
不要再用堆积物品来填满自己的空间和心灵了，用分享让自己的生活变得更加怦然心动吧！

BEFORE　　　　　　AFTER

彻底做好分类、抉择、定位的工作，就能享受收纳带来的快乐！

内容提要

你在不知不觉中，把家变成了大型储物空间么？家里的纸袋、鞋盒、塑料袋，都是占据空间的收纳杀手！

事实证明，那些总被认为"有一天会用得到"的物品，最后都会变成垃圾。本书作者团队已经协助上百个家庭解决收纳的大大小小问题。

掌握3步收纳术，有效打击"收纳杀手"，彻底打造整洁的幸福空间！

本书适合对家居收纳有需求的读者阅读。

北京市版权局著作权合同登记号：图字 01-2018-4090 号

本书通过四川一览文化传播广告有限公司代理，经台湾橙实文化有限公司授权出版中文简体字版本。

图书在版编目（ＣＩＰ）数据

收纳分3步！ / 韧与柔生活团队编著. -- 北京 ： 中国水利水电出版社，2019.1
ISBN 978-7-5170-7229-4

Ⅰ．①收… Ⅱ．①韧… Ⅲ．①家庭生活—基本知识
Ⅳ．①TS976.3

中国版本图书馆CIP数据核字 (2018) 第273220号

策划编辑：庄　晨　责任编辑：邓建梅　加工编辑：白　璐　封面设计：梁　燕

书　　名	收纳分 3 步！ SHOUNA FEN 3 BU！
作　　者	韧与柔生活团队　编著
出版发行	中国水利水电出版社 （北京市海淀区玉渊潭南路 1 号 D 座　100038） 网址：www.waterpub.com.cn 　　　　E-mail：mchannel@263.net（万水） 　　　　sales@waterpub.com.cn 电话：（010）68367658（营销中心）、82562819（万水）
经　　售	全国各地新华书店和相关出版物销售网点
排　　版	北京万水电子信息有限公司
印　　刷	北京天恒嘉业印刷有限公司
规　　格	160mm×210mm　16 开本　11.75 印张　190 千字
版　　次	2019 年 1 月第 1 版　2019 年 1 月第 1 次印刷
印　　数	0001—5000 册
定　　价	59.00 元

凡购买我社图书，如有缺页、倒页、脱页的，本社营销中心负责调换